公益性行业（农业）科研专项经费项目

农业机械适用性评价技术种类研究报告

农业机械适用性评价技术集成研究项目组　编

U0320076

中国农业科学技术出版社

图书在版编目（CIP）数据

农业机械适用性评价技术种类研究报告／农业机械适用性评价技术集成研究项目组编．—北京：中国农业科学技术出版社，2016.1

ISBN 978-7-5116-1754-5

Ⅰ. ①农⋯　Ⅱ. ①农⋯　Ⅲ. ①农业机械 – 适用性 – 评价 – 研究报告　Ⅳ. ①S232

中国版本图书馆 CIP 数据核字（2014）第 151431 号

责任编辑　徐　毅
责任校对　贾晓红

出版发行　中国农业科学技术出版社
　　　　　北京市中关村南大街 12 号　邮编：100081
电　　话　(010) 82106631（编辑室）(010) 82109704（发行部）
　　　　　(010) 82109709（读者服务部）
传　　真　(010) 82106631
社 网 址　http://www.castp.cn
经　　销　各地新华书店
印　　刷　北京富泰印刷有限责任公司
开　　本　880mm×1230mm　1/32
印　　张　6.875
字　　数　200 千字
版　　次　2016 年 1 月第 1 版　2016 年 1 月第 1 次印刷
定　　价　20.00 元

目 录

农业机械适用性评价技术种类研究报告

农业部农业机械试验鉴定总站

1 子课题基本情况

1.1 前言

在适用性评价技术集成项目立项前，在大量的农业机械推广鉴定和保护性耕作项目的实施中，对适用性评价方法的种类进行了较为深入的研究和部分方法的应用，因此，在适用性评价技术集成项目方案中提出了试验评价法、跟踪测评评价法、调查评价法和综合评价法等4个种类。种类研究子课题在此基础上，进一步明确各个种类的定义，确定各个种类评价的内容（因素）、方法（如何选用因素和确定权重）和结论（评价集）。

1.2 研究主要内容

明确适用性评价技术种类的研究内容和4种适用性评价技术的定义。重点研究4种评价技术的概念应包含的内容、特点和限制条件。

建立用于种类研究的模型，确定影响因素的层次、因素权重和对机具评价的评价集，同时，确定以上研究的方法，建立对机具进行评价和验证的指标体系，在此基础上，重点解决下述技术难点和问题。

1.2.1　适用性试验评价技术研究

主要任务是依据已确定的理论模型，结合农业生产的实际情况，选择适宜的试验设计理论（如正交试验设计、均匀设计等），分析影响农机适用性的主要因素和水平，确定机具受适用性影响较为突出的性能指标。

1.2.2　适用性跟踪测评评价技术研究

建立测评模型，在正常作业情况下，采用跟踪方式，跟踪考核测试机具实际作业状况，以评价机具的适用性。重点研究跟踪测评条件的设计、考核模式和跟踪数量的确定、测评考核结果处理及分析应用等。

1.2.3　适用性调查评价技术研究

依据已确定的理论模型，采用用户调查方式进行适用性评价，根据统计学原理，研究确定调查模式、调查数量和调查结果的量化处理。

1.2.4　适用性综合评价技术研究

主要是采用试验、跟踪测评和调查技术相结合的方式，对适用性进行评价，通过评价技术整合和数理统计技术的应用，实现典型试验、跟踪测评和用户调查相结合的评价方法，解决试验工作量大，人力消耗和试验费用高的难题。

1.3　子课题总体目标及年度目标

1.3.1　总体目标

1.3.1.1　统计已经广泛采用的适用性评价方法，分析其特点和问题。

1.3.1.2　通过研究提出试验法、跟踪测评法、调查法和综合法等 4 种适用性评价技术的评价内容和定义。

1.3.1.3　建立适用性评价技术种类研究评价指标体系和研究模型，确定试验法、调查法、跟踪测评法和综合评价法等评价方法所采用的准则性因素和相关因素指标，确定影响因素（因素水平）和机具指标体系，选取典型农机具种类分析确定因素考核的因素指标。

1.3.1.4　确定适用性种类各级指标的权重系数，建立适用性种类研究的评价集。

1.3.1.5　制定马铃薯收获机、青饲料收获机、水稻插秧机、半喂入联合收割机、地膜覆盖机、残膜回收机、耕整机、采茶机等 8 种典型农机具的适用性评价标准。

1.3.1.6　子课题发表论文 8~16 篇。

1.3.2　分年度目标

2009 年，明确子课题研究任务（目标，内容和进度），成立课题组，明确人员分工。开始制订实施方案。

2010 年，制定子课题实施方案，在适用性因素和各类评价方法的适用范围调研基础上，提出 4 个评价方法的定义和适用范围，研究建立适用性种类研究的模型和影响因素。

2011 年，确定试验法、调查法、跟踪测评法和综合评价法等评价方法所采用的准则性因素和相关因素指标，在此基础上确定适用性种类研究的综合评价指标体系和研究模型。明确 4 个省站适用性种类研究子课题的研究模型（包括 4 种评价方法采用的因素层次、水平、权重和评价集）。

2012 年，确定影响因素（因素水平）和机具指标体系，分析确定因素考核指标。提出研究模型验证方案，各省开展试验验证工作。同时，开始马铃薯收获机、青饲料收获机、水稻插秧机、半喂入联合收割机、地膜覆盖机、残膜回收机、耕整机、采茶机等 8 种典型农机具的适用性评价标准制定工作。

2013 年，完成全部验证工作，依据上述研究和验证结论，根据研究情况修订 4 种评价方法的定义，补充内容；完成马铃薯收获机、青饲料收获机、水稻插秧机、半喂入联合收割机、地膜覆盖机、残膜回收机、耕整机、采茶机等 8 种典型农机具的适用性评价标准报批稿。

1.4 子课题主要考核指标（具体、量化）

（1）解决的关键问题和技术难点：确定农机适用性评价技术种类。

（2）主要技术指标：提出准确的试验法、跟踪测评法、调查法和综合法等 4 种评价方法定义；建立适用性评价技术种类研究模型，（包括 4 种评价方法采用的因素层次、水平、权重和评价集）。完成马铃薯收获机、青饲料收获机、水稻插秧机、半喂入联合收割机、地膜覆盖机、残膜回收机、耕整机、采茶机等 8 种典型农机具的适用性评价标准。

（3）子课题组发表 8～16 篇论文。

1.5　子课题实施的组织管理与分工

1.5.1　子课题参加单位分工表

子课题由农业部农业机械试验鉴定总站主持，组织内蒙古自治区农牧业机械试验鉴定站（以下简称内蒙古站）、江苏省农业机械试验鉴定站省、四川省农业机械鉴定站和甘肃省农业机械鉴定站等4个省站对适用性理论研究模型和因素、权重等相关内容及4种方法的定义的研究，甘肃省农业机械鉴定站提出子课题组研究模型方案，定义与模型确定后，4个省站分别建立试验法、跟踪测评法、调查法和综合法研究模型，并对每种技术评价方法进行验证，制定标准，发表相关论文（表1）。

表1　子课题参加单位分工表

单位	任务分工
总站	明确适用性种类的研究内容和4种适用性评价技术的定义。重点研究4种评价技术的概念应包含的内容、特点和限制条件。组织4个省站确认适用性评价方法种类研究模型，确定影响因素的层次、因素权重和对机具评价的评价集。组织4省站完成子课题标准制定和论文撰写等任务
内蒙古站	试验法研究，建立适用性试验技术评价研究模型，确定影响因素的层次、因素权重和对机具评价的评价集，完成验证工作；制定2个标准，完成相关研究论文
江苏站	跟踪测评法研究，建立适用性跟踪测评技术评价研究模型，确定影响因素的层次、因素权重和对机具评价的评价集，完成验证工作；制定2个标准，完成相关研究论文
甘肃站	调查法研究，建立适用性用户调查技术评价研究模型，确定影响因素的层次、因素权重和对机具评价的评价集，完成验证工作；制定2个标准，完成相关研究论文

（续表）

单位	任务分工
四川站	综合法研究，建立适用性综合技术评价研究模型，确定影响因素的层次、因素权重和对机具评价的评价集，完成验证工作；制定 2 个标准，完成相关研究论文

1.5.2 组织情况

根据子课题要求和进度安排，在总项目组下达的项目任务书的基础上，我们制订了实施方案和技术路线，将项目任务书中的全部要求写进实施方案，按技术研究进展的要求和规律定出技术路线。在实施方案中，根据课题研究需要和各省站要求，增加了对 4 种评价技术的分析研究、提出 4 种评价技术定义和进行 4 种评价技术应用范围浅析等内容。

为保证工作质量，在课题开始以后，我们根据研究内容的分布情况和有 4 种评价技术需要研究及需要及时与 4 个参加省站联系的特点，及时向总项目首席专家提出调整人员分工的建议，增加了 5 名研究人员和 1 名组织协调人员，并上报了建议书，为每种评价技术研究都安排了两名技术人员，得到总项目首席专家书面批准。

在项目研究过程中，根据各省展汇总和总站各研究小组遇到的问题，组织 6 次总站课题组的集中研讨，内容有研究模型、影响因素与评价指标、模型验证方案、验证布点方案等。

与此同时，在确定子课题研究模型、影响因素、评价指标、因素权重、评价集、验证方案等不同节点上，我们针对遇到的问题和各省站的要求，开展了 5 次有 4 个省站技术人员参加的全课题组研讨活动，及时解决研究中遇到的技术和协调问题。

为使适用性评价技术种类研究的内容更全面，子课题组在确定影响因素和评价指标时，特邀请农大高振江教授的子课题组参加了部分研讨活动，在确定适用性影响因素和机具评价指标方面两个课题组取得了一致，也拓展了子课题的研究内涵。

子课题全面展开之后，为保证研究论文的进度和质量，我们及时邀请中国农业大学博士生导师高振江教授对课题中需完成的论文题目进行了一次确认，并议论了论文内容；当子课题的研究进入尾声时，为保证标准任务的及时完成，我们邀请全国农机化标准化分技术委员会宋英秘书长，对已经形成的 8 个行业标准文本进行型式审核和指导。为避免各省站在项目经费决算方面的发生问题，我们在 2013 年子课题的技术总结研讨会上，邀请总站财务专家，根据课题进展中的财务状况检查中出现的问题和农业部行业科研经费使用要求，举办了一次讲座，请各省报告了课题经费使用情况，请总站财务专家进行指导。

通过实施方案和技术路线的规范，通过课题任务实施过程中的研讨活动，我们有效的把握住了课题目标和进度，按时、按要求完成了课题研究任务。

1.6 子课题实施方案和技术路线

1.6.1 实施方案

1.6.1.1 确定适用性评价技术种类研究的方法。子课题组通过集中学习研讨，对适用性评价涉及的影响因素和评价指标相互关系的分析，各省站根据研究任务提出推荐意见，通过讨论选取适宜的研究方法。

1.6.1.2 提出 4 种评价技术的定义。

1.6.1.2.1 子课题组集中分析适用性和适用性评价定义、加深对农机适用性概念的理解，找到适用性和适用性评价各要素的对应关系和约束条件。

1.6.1.2.2 总站子课题组成员抽专人汇总分析现行有效的部级推广鉴定大纲已经采用的适用性评价方法，列表总结分析每种评价方法的特点与不足。通过分析论证，进一步明确每种评价技术的要素和约束条件，理清4种适用性评价技术的发展轨迹和技术沿革。

1.6.1.2.3　在上述研究的基础上，子课题组集中研讨，对4种评价技术的内容和各要素的条件进行研究和确定，提出4种评价技术的定义。

1.6.1.3　开展适用性种类研究的综合评价指标体系和研究模型的研究。子课题组在内蒙古自治区农牧业机械试验鉴定站、江苏省农业机械试验鉴定站、甘肃省农业机械鉴定站和四川省农业机械鉴定站4个子课题参加单位开展的适用性影响因素对评价指标的影响程度所做的调查和验证试验的基础上，根据农机行业采用的标准和规范，组织对适用性影响因素和评价指标相互关系的研究，选用已确定的研究方法，理顺各层次研究要素的逻辑关系和影响程度关系，建立适用性综合评价指标体系和研究模型。子课题组组织全组技术人员对模型进行解读和确认，并邀请相关子课题组专家研讨适用性影响因素的相对性，并学习相关研究方法。

1.6.1.4　建立4种评价技术各自的研究模型并开展影响因素（水平）、权重和评价集研究。内蒙古自治区农牧业机械试验鉴定站、江苏省农业机械试验鉴定站、甘肃省农业机械鉴定站和四川省农业机械鉴定站4省站在子课题组适用性综合评价指标体系和研究模型的基础上，结合本单位开展的对相关机具适用性影响因素的验证试验和省内适用性调查活动，建立试验法、跟踪测评法、调查法和综合法的研究模型。同时，结合相关评价技术和评价机具，对因素层次、因素权重和评价集开展研究，并进行对应的试验验证。子课题组此时应组织全组技术人员研讨以上需确定的技术内容，对可以统一或需各自确认的内容予以确认，定出边界。

1.6.1.5　制定4种评价技术的模型验证方案，选定验证区域，开展验证工作。4省站根据研究模型，针对需要评价的机具指标，制定验证方案，开展验证工作。要求每种评价技术除在本省验证外，应联系其他省相关区域的验证单位，进行多区域和多机具的验证。同时，主动对验证点的机手和相关人员进行技术指导，保证验证工作的质量。子课题组应组织全组研讨验证方案，请验证人员解读方案，讨论验证计划，提出要求。

1.6.1.6 4个省站结合子课题研究内容，执行相关标准，形成标准文本。根据确定的模型和具体机具的评价要求，各省站开展标准制定工作。对此次确定的适用性评价技术定义和对不同模型中的具体术语均需有名词解释，并及时开展标准验证、征求专家意见等工作，保证标准制定质量。

1.6.1.7 汇总4种评价技术的研究内容，进行讨论与评价。请各省站将各自的研究模型、标准制定和验证方案等研究内容理顺，整理出文字资料，形成阶段性技术总结，上报项目首席专家审阅。

1.6.1.8 对完成的标准文本和论文进行专家审定。子课题组应在论文题目出来以后，组织相关专家对题目进行审定，确定题目是否能体现出研究内容。在论文稿件形成以后，也应请专家对论文进行审阅，同时，聘请专家审阅已形成的标准文本，保证论文和标准的质量。

1.6.1.9 子课题研究工作总结。子课题组应在2013年上半年组织总结研讨活动，对照项目任务书的目标和任务，对各项任务的完成情况进行总结，包括4种评价技术定义、研究模型、4种评价方法对照机具的模型、标准、论文等完成情况，并请各省站报告财务运行情况，请站财务处主管人员到场进行讲评。

1.6.2 子课题技术路线（图1）

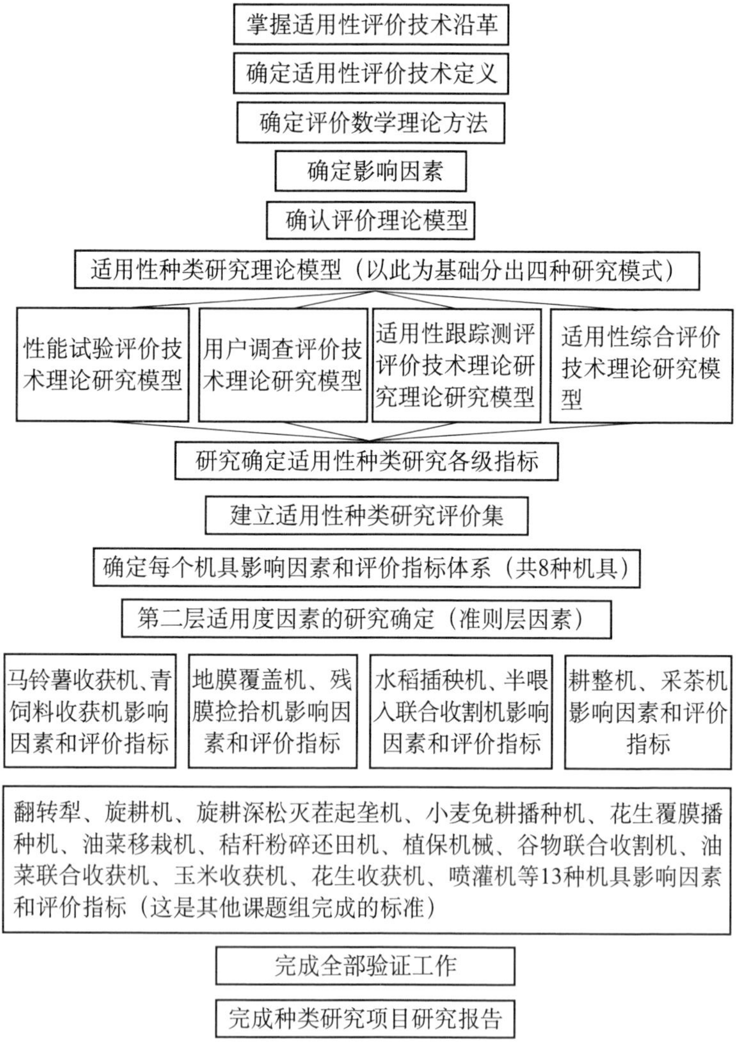

掌握适用性评价技术沿革

确定适用性评价技术定义

确定评价数学理论方法

确定影响因素

确认评价理论模型

适用性种类研究理论模型（以此为基础分出四种研究模式）

性能试验评价技术理论研究模型	用户调查评价技术理论研究模型	适用性跟踪测评评价技术理论研究模型	适用性综合评价技术理论研究模型

研究确定适用性种类研究各级指标

建立适用性种类研究评价集

确定每个机具影响因素和评价指标体系（共8种机具）

第二层适用度因素的研究确定（准则层因素）

马铃薯收获机、青饲料收获机影响因素和评价指标	地膜覆盖机、残膜捡拾机影响因素和评价指标	水稻插秧机、半喂入联合收割机影响因素和评价指标	耕整机、采茶机影响因素和评价指标

翻转犁、旋耕机、旋耕深松灭茬起垄机、小麦免耕播种机、花生覆膜播种机、油菜移栽机、秸秆粉碎还田机、植保机械、谷物联合收割机、油菜联合收获机、玉米收获机、花生收获机、喷灌机等13种机具影响因素和评价指标（这是其他课题组完成的标准）

完成全部验证工作

完成种类研究项目研究报告

图1 子课题技术路线

2　适用性、适用性评价解读

子课题组按方案和技术路线的要求，首先对适用性和适用性评价的定义进行研讨，用释义的方式来解读适用性和适用性评价内容，明确种类研究所涉及的内容与条件。

2.1　适用性的定义

适用性是在农业机械推广鉴定中提出和开展多年的一个对农业机械评价的重要项目，被写入 2004 年实施的《中华人民共和国农业机械化促进法》，是对农业机械评价的 4 个特性（安全型、适用性、可靠性和先进性）之一，总结多年来对适用性开展评价的方法与实践，可以得到以下定义。

适用性是农业机械在自然条件、作物品种和农作制度条件下，具有保持规定特性和满足当地农艺要求的能力。

根据定义，有以下释义。

（1）农业机械的适用性是相对的，这种能力受到自然条件、作物品种和农作制度（农艺要求）等客观条件的影响。这些客观条件相对于某个局部范围是稳定的，可以作为评价农业机械适用性的基础因素。

（2）农业机械的使用应满足规定的自然条件、作物品种和农作制度（农艺要求）。对农业机械适用性评价应在规定的范围和条件下进行，是对农业机械使用说明书等明示文件规定的范围和条件的核实。

（3）有一个扩展的相对关系，如自然条件相同，当作物品种和农作制度（农艺要求）满足农业机械使用特性时，将可使农业机械的规定特性得以充分保持。

注：（3）是针对当前国家为实现机械作业，在作物品种和农艺上开展的科学研究，如为适用收割机作业，改变玉米棒子的高度、

叶子生长方向以及改变棉花花苞生长的布局等，是为机具针对不同的农作物，提出相关作业要求而设立的。

2.2 适用性评价的定义

适用性评价是建立科学、全面和实用的评价系统，对农业机械在自然条件、作物品种和农作制度条件下，保持规定特性和满足当地农艺要求能力的偏移程度，进行评定，并得到量化的适用程度结论的活动。

根据定义，有以下释义。

（1）评价应建立在包括影响农业机械适用性的自然条件、作物品种和农作制度等因素，并能科学的展示这些因素相互影响关系的研究模型之上，模型以成熟理论为基础。

（2）评价过程中需要求解的变量，均需以成熟理论为计算或推导办法，并进行相关验证，使之符合研究模型的逻辑关系。

（3）评价应有基本评价集（适用、基本适用、不适用），分3级，由评价得分确定；根据产品特殊性和需要，可以再细化或精确分为5级（适用实用性强、较强、一般、较差、不适用），要求得到量化结论。

3 4种适用性评价技术的定义

在明确了适用性和适用性评价的定义之后，就需要对试验法、跟踪测评法、调查法和综合法等4种适用性评价技术进行定义了。

大项目任务书中，为下达任务，对4种适用性评价技术进行了简要描述，并要求种类研究子课题组开展对4种评价技术的研究，要研究就必须首先明确4种评价技术的定义。要明确定义，要先知道这4种评价技术的来源和各自的应用条件。

3.1 在以往的农业机械推广鉴定中如何评价适用性

农业机械推广鉴定依据推广鉴定大纲实施，鉴定检测共有 8 项内容：安全性、性能、可靠性、适用性、生产条件、用户调查、使用说明书和三包凭证。现行有效的 81 个部级农业机械推广鉴定大纲中，共有 58 个对适用性有要求，加上一个对适用性有要求的部级选型试验大纲，共 59 个大纲，从中可以总结出以下几种适用性评价方法（表2）。

3.1.1 试验法

选取农业机械与适用性有关的性能参数，按标准规定的方法进行试验，通过试验后参数的合格情况给出评价结论。如柴油机、铡草机和秸秆颗粒压制机等（11 个大纲）。

试验法在有的大纲中表述为定点试验法，与其他方法（如跟踪调查法，有 8 个大纲；调查法，有 20 个大纲）一起组合使用。

3.1.2 跟踪调查法

选取农业机械的适用区域和与适用性有关的参数，在其正常作业过程中，调查提取某一作业时段的参数，得到调查结果。在跟踪调查的同时，一般还要对机具的可靠性情况进行调查，或与试验法结合，综合调查或试验结果情况给出评价结论。

跟踪调查法在现行有效的大纲中没有单独使用过，均是与其他评价法组合使用，如与定点试验组合，有 8 个大纲；与可靠性调查法组合，有 3 个大纲（共有 11 个大纲）。

3.1.3 调查法

选取农业机械的适用区域和与适用性有关的参数，抽取一定数量的用户进行问卷调查，统计调查选项给出评价结论。如农用拖拉机、耕整机和大型喷灌机等（18 个大纲）。

调查法在有的大纲中与其他方法（如定点试验法，有 20 个大纲；可靠性调查法，有 1 个大纲；生产试验法，有 3 个大纲）一起组合使用。

3.1.4 可靠性调查法

没有单独使用过，在与跟踪调查法组合（3 个大纲）或与调查法组合（1 个大纲）时，对机具使用的可靠性参数和故障情况（含排除难易程度）进行调查，依据可靠性试验中的故障分类来判定，综合结果给出评价结论。如水稻插秧机、谷物联合收割机、玉米收获机械等（共 4 个大纲）。

3.1.5 生产试验法

没有单独使用过，是作为定点试验的一个形式，与调查法组合使用。选取农业机械的适用区域和与适用性有关的参数，在机具正常作业时记录相关参数，综合结果给出评价结论。如背负式喷雾喷粉机、风送式喷雾机和电动喷雾机等（3 个大纲）。

3.1.6 综合法

采取上述方法中的两种或两种以上的方法进行综合评价，给出评价结论。如旋耕机、秸秆还田机和割草机等（31 个推广鉴定大纲 +1 个选型大纲）。

表 2 农业机械推广鉴定大纲适用性评价方法

大纲名称/评价方法	试验法（定点）	跟踪调查法	调查法	综合法	可靠性调查	生产试验
DG/T 001－2011 农业轮式和履带拖拉机			○（10 户）			
DG/T 002－2011 手扶拖拉机			○（10 户）			
DG/T 003－2011 农用柴油机	○					
DG/T 004－2012 耕整机			○			
DG/T 005－2007 旋耕机	○（一个区域）		○（两个区域）	√		
DG/T 006－2012 微耕机			○			
DG/T 007－2006 播种机	○（一个点）	○（两个点）				
DG/T 008－2009 水稻插秧机				√	○（统计故障）	
DG/T 009－2011 动力喷雾机	○（一个区域）		○（两个区域）	√		
DG/T 010－2011 喷杆喷雾机	○（一个区域）		○（两个区域）	√		
DG/T 011－2011 背负式喷雾喷粉机	○		○	√		60h 试验
DG/T 014－2009 谷物联合收割机		○		√		
DG/T 015－2009 玉米收获机械		○		√	○ 3 区域 15 户	
DG/T 016－2006 秸秆粉碎还田机	○（一个点）	○（两个点）		√		

（续表）

大纲名称/评价方法	试验法（定点）	跟踪调查法	调查法	综合法	可靠性调查	生产试验
DG/T 017－2006 谷物干燥机	○（一个点）	○（两个点）		√		
DG/T 018－2006 种子加工成套设备	○（一个点）	○（两个点）		√		
DG/T 019－2011 农用螺旋榨油机			○（≥5 户）			
DG/T 023－2011 饲料粉碎机			○（5 户）			
DG/T 024－2011 铡草机	○					
DG/T 025－2012 棉花收获机			○			
DG/T 026－2012 深松机			○			
DG/T 027－2007 旋耕条播机	○（一个区域）	○（两个区域）		√		
DG/T 028－2007 免耕播种机	○（一个区域）	○（两个区域）		√		
DG/T 029－2011 风送式喷雾机	○		○	√		50h 试验
DG/T 030－2011 电动喷雾机	○		○	√		50h 试验
DG/T 031－2011 热烟雾机	○（一个区域）		○（两个区域）	√		
DG/T 033－2007 脱粒机			○（≥15 户）	√		
DG/T 034－2007 种子清选机	○（一种物料）	○（两种物料）		√		
DG/T 039－2007 薯类淀粉加工机	○（一种原料）		○（两种原料）	√		

（续表）

大纲名称/评价方法	（定点）试验法	跟踪调查法	调查法	综合法	可靠性调查	生产试验
DG/T 040－2007 轻小型喷灌机	○（一个点）	○（两个点）		√		
DG/T 041－2011 割草机	○（一个点）		○（两个点）	√		
DG/T 042－2011 搂草机	○（一个点）		○（两个点）	√		
DG/T 043－2012 打（压）捆机	○（一个点）		○（两个点）	√		
DG/T 048－2007 水果分级机械	○（或）		○（或）			
DG/T 049－2007 水果清洗打蜡机	○（或）		○（或）			
DG/T 052－2011 青饲料收获机	○（一个点）		○（两个点）	√		
DG/T 053－2009 饲草揉碎机	○					
DG/T 056－2009 卷帘（膜）机	○（或）		○（或）			
DG/T 057－2011 油菜联合收割机			○	√	○（统计故障）	
DG/T 059－2011 大型喷灌机			○			
DG/T 060－2011 箱式孵化机	○					
DG/T 061－2011 鸡用喂料机	○					
DG/T 063－2011 增氧机			○			
DG/T 064－2011 投饲（饵）机	○					
DG/T 065－2011 秸秆颗粒压制机	○					

（续表）

大纲名称/评价方法	（定点）试验法	跟踪调查法	调查法	综合法	可靠性调查	生产试验
DG/T 066－2011 水下清淤机	○		○	√		
DG/T 067－2011 水力挖塘机机组	○					
DG/T 070－2012 液压翻转犁	○（一个点）		○（两个点）	√		
DG/T 071－2012 双轴灭茬旋耕机	○（一个点）		○（两个点）	√		
DG/T 072－2012 田园管理机	○（性能）		○	√		
DG/T 073－2012 圆盘耙			○			
DG/T 074－2012 秧盘育秧播种机						
DG/T 076－2012 采茶机	○（茶树）					
DG/T 077－2012 花生收获机械	○（一个点）		○（两个点）	√		
DG/T 078－2012 马铃薯收获机械	○（一个点）		○（两个点）	√		
DG/T 079－2012 茶叶滚筒杀青机			○			
DG/T 080－2012 茶叶揉捻机			○			
DG/T 081－2012 茶叶烘干机	○（季节物料）		○	√		
DG－X 0071－2012 畜群粪便固液分离机	○（不同料）		○	√		

在 81 个现行有效的部级推广鉴定大纲中，有适用性要求的共 58 个鉴定大纲，1 个选型大纲

3.2　以往所用评价方法的特点与问题

3.2.1　试验法

依据试验方法标准，通过试验参数是否合格评价适用性，评价过程直观准确，效果明显，尤其适用性评价内容是物料（如杂草机适用的草）时。

试验法适用于新机具，可以在机具希望销售的区域内进行，因此，试验法有 11 个大纲单独使用（表3）。

表3　试验法中11个单独使用的鉴定大纲

序号	大纲名称/评价方法	试验法
1	DG/T 003 – 2011 农用柴油机	○
2	DG/T 024 – 2011 铡草机	○
3	DG/T 048 – 2007 水果分级机械	○
4	DG/T 049 – 2007 水果清洗打蜡机	○
5	DG/T 053 – 2009 饲草揉碎机	○
6	DG/T 056 – 2009 卷帘（膜）机	○
7	DG/T 060 – 2011 箱式孵化机	○
8	DG/T 061 – 2011 鸡用喂料机	○
9	DG/T 064 – 2011 投饲（饵）机	○
10	DG/T 065 – 2011 秸秆颗粒压制机	○
11	DG/T 067 – 2011 水力挖塘机组	○

不足：第一，评价系统内各因素相互间没有明确的逻辑关系，试验设计和参数选取方法简单，科学性不够，对与适用性关系紧密的参数，各种机具不一致，参数对适用性影响的权重也没有准确判断；第二，试验覆盖区域没有充分的论证和界定，例如，耕整机

"选取 3 个有代表性的试验点"来代表适用范围，对"代表性"没有量化的依据；第三，在量化的试验数据后面，整体评价量化不足；第四，为满足试验强度要求，有些机具试验物料的准备要求较高，加大了试验成本和难度，这些机具需要与其他方法组合使用，所以，在 58 个大纲里，有 24 个大纲是试验法与其他方法组合评价。

3.2.2　跟踪调查法

通过对使用中的机具的跟踪，现场实地目击机具工作状况，实测部分参数，依据事先拟定的问卷，向机手询问了解机具使用中的问题，得到评价参数。评价过程直观，效果明显。

不足：第一，评价系统内各因素相互间没有明确的逻辑关系，跟踪区域的选取和每个区域跟踪机具数量确定及机具参数测试和调查参数确定均无量化的依据；第二，调查人员对参数状态理解上的偏差会影响调查结果的一致性，例如，对插秧机"漂秧"参数有极少、较少、少、较多和极多 5 种状态，调查人员必须对这 5 种状态理解完全一致，才能保证评价有可比性；第三，也存在相应因素权重问题，同时，从调查记录表的内容看，这种方法的调查内容与调查法基本相同，因此，在 58 个大纲里，跟踪调查法没有单独使用过。

现场跟踪与样机直接见面的特点，方便了直接对样机测试，所以，有 8 个大纲与试验法组合。

根据以上评价过程中实施方法的分析，将跟踪调查法调整为跟踪测试法。

3.2.3　调查法

通过事先设计的问卷，对使用机具的用户进行调查，比较简捷，同时，是在机具完成至少一个使用周期后进行，问题显示的比较充分，用户在使用中如遇到过问题，会清楚的告知，同时，也比较快捷，可同时展开对多家用户的调查，效率较高。可以单独使用，在58个大纲中，有18个大纲单独使用此种方法（表4）。

表4　调查法中18个单独使用的鉴定大纲

序号	大纲名称/评价方法	调查法
1	DG/T 001 – 2011 农业轮式和履带拖拉机	○（10户）
2	DG/T 002 – 2011 手扶拖拉机	○（10户）
3	DG/T 004 – 2012 耕整机	○
4	DG/T 006 – 2012 微耕机	○
5	DG/T 019 – 2011 农用螺旋榨油机	○（≥5户）
6	DG/T 023 – 2011　饲料粉碎机	○（5户）
7	DG/T 025 – 2012 棉花收获机	○
8	DG/T 026 – 2012 深松机	○
9	DG/T 033 – 2007 脱粒机	○（≥15户）
10	DG/T 048 – 2007 水果分级机械	○
11	DG/T 049 – 2007 水果清洗打蜡机	○
12	DG/T 056 – 2009 卷帘（膜）机	○
13	DG/T 057 – 2011 油菜联合收割机	○
14	DG/T 059 – 2011 大型喷灌机	○
15	DG/T 063 – 2011 增氧机	○
16	DG/T 073 – 2012 圆盘耙	○
17	DG/T 079 – 2012 茶叶滚筒杀青机	○
18	DG/T 080 – 2012 茶叶揉捻机	○

　　不足：第一，评价系统内各因素相互间没有明确的逻辑关系，调查参数取舍没有量化分析的依据；第二，问卷答案是根据用户对参数状态的理解得到，准确性不够；第三，事后调查，用户事先并没有准确记录相关参数，如作业总亩数、机具实际作业时间等，影响调查数据的完整性；第四，必须是在较大区域内投放的机具，具有满足抽样基数的用户。对于太新、单台造价高、用户少的机具不适用。

3.2.4 可靠性调查

简单易行，只要用户能准确描述故障情况，就可进行判定。

不足：此种方法依据可靠性试验故障分类来判定，可靠性试验是在规定的条件、样机状态和负荷要求下实施，虽然有适用性影响因素，但针对性不强，所以，在58个大纲中没有单独使用，只能与其他方法结合实施。

3.2.5 生产试验

在选中的地点，在实际作业的机具和人员条件下，现场测试相关参数，有跟踪测试的特点，直观和效果明显。

不足：用现场检验的方法来确定机具的适用性，适用范围有局限性，对于需要大范围推广应用的机具，试验成本高，难以单独实施，所以，在58个大纲中，没有单独使用。

3.2.6 综合法

由以上几种方法组合而成，共有下表中的几种方式（表5）。

表5　综合法的几种鉴定大纲

调查法	（定点）试验法	跟踪调查法	可靠性调查	调查法
	8个大纲			
20个大纲（定点中含3个生产试验）			1个大纲	
		3个大纲		

3.2.6.1　（定点）试验法与跟踪调查法组合，共有8个大纲（表6）。

3.2.6.2　定点试验法与调查法组合，共有20个大纲，其中，3个定点试验是生产试验（表7）。

表 6　试验法与跟踪调查法组合的鉴定大纲

序号	大纲名称/评价方法	（定点）试验法	跟踪调查法	综合法
1	DG/T 007－2006 播种机	○（一个点）	○（两个点）	√
2	DG/T 016－2006 秸秆粉碎还田机	○（一个点）	○（两个点）	√
3	DG/T 017－2006 谷物干燥机	○（一个点）	○（两个点）	√
4	DG/T 018－2006 种子加工成套设备	○（一个点）	○（两个点）	√
5	DG/T 027－2007 旋耕条播机	○（一个区域）	○（两个区域）	√
6	DG/T 028－2007 免耕播种机	○（一个区域）	○（两个区域）	√
7	DG/T 034－2007 种子清选机	○（一种物料）	○（两种物料）	√
8	DG/T 040－2007 轻小型喷灌机	○（一个点）	○（两个点）	√

表 7 定点试验法与调查法组合的鉴定大纲

序号	大纲名称/评价方法	定点试验法（定点）	调查法	生产试验	综合法
1	DG/T 005－2007 旋耕机	○（一个区域）	○（两个区域）		√
2	DG/T 009－2011 动力喷雾机	○（一个区域）	○（两个区域）		√
3	DG/T 010－2011 喷杆喷雾机	○（一个区域）	○（两个区域）		√
4	DG/T 011－2011 背负式喷雾喷粉机	○	○	60h 试验	√
5	DG/T 029－2011 风送式喷雾机	○	○	50h 试验	√
6	DG/T 030－2011 电动喷雾机	○	○	50h 试验	√
7	DG/T 031－2011 热烟雾机	○（一个区域）	○（两个区域）		√
8	DG/T 039－2007 薯类淀粉加工机	○（一种原料）	○（两种原料）		√
9	DG/T 041－2011 割草机	○（一个点）	○（两个点）		√
10	DG/T 042－2011 搂草机	○（一个点）	○（两个点）		√

（续表）

序号	大纲名称/评价方法	（定点）试验法	调查法	生产试验	综合法
11	DG/T 043 – 2012 打（压）捆机	○（一个点）	○（两个点）		√
12	DG/T 052 – 2011 青饲料收获机	○（一个点）	○（两个点）		√
13	DG/T 066 – 2011 水下清淤机	○	○		√
14	DG/T 070 – 2012 液压翻转犁	○（一个点）	○（两个点）		√
15	DG/T 071 – 2012 双轴灭茬旋耕机	○（一个点）	○（两个点）		√
16	DG/T 072 – 2012 田园管理机	○（性能）	○		√
17	DG/T 077 – 2012 花生收获机械	○（一个点）	○（两个点）		√
18	DG/T 078 – 2012 马铃薯收获机械	○（一个点）	○（两个点）		√
19	DG/T 081 – 2012 茶叶烘干机	○（季节物料）	○		√
20	DG – X 0071 – 2012 畜群粪便固液分离机	○（不同料）	○		√

3.2.6.3 跟踪调查法与可靠性调查组合，共有 3 个大纲（表 8）。

表 8 跟踪调查法与可靠性调查组合的鉴定大纲

序号	大纲名称/评价方法	跟踪调查法	可靠性调查	综合法
1	DG/T 008 – 2009 水稻插秧机	○	○（统计故障）	√
2	DG/T 014 – 2009 谷物联合收割机	○	○	√
3	DG/T 015 – 2009 玉米收获机械	○	3 区域 15 户	√

3.2.6.4 调查法与可靠性调查组合，共有 1 个大纲（表 9）。

表 9 调查法与可靠性调查组合的鉴定大纲

序号	大纲名称/评价方法	调查法	可靠性调查	综合法
1	DG/T 057 – 2011 油菜联合收割机	○	○（统计故障）	√

以上组合一般是设 3 个机具的使用区域作为评价点，取一个点采用某种评价法，另两个点采用另一种评价法。除在定点试验中采用生产试验法以外，没有出现同时使用 3 种评价法组合的情况。

组合的特点是，除了有一个大纲采用调查法与可靠性法组合外，每种组合方式都有一个直接接触机具的方法，如试验法或跟踪调查法，辅之以用户调查（或可靠性调查），可以减少因用户对机具使用情况记忆不准确造成的偏差，也可以尽可能多地了解更多区域使用情况的参数，提高了评价的准确性。

不足：组合并不能将适用性评价中没有解决的评价系统内各因素相互间逻辑关系，参数（因数）选取科学性、参数（因数）影响程度（权重）和评价集量化等问题，对组合方式的科学性也没有量化的分析，需要在项目研究中予以解决。

3.3　推广鉴定工作实践是本次项目任务书提出 4 种评价方法的依据

总结上述适用性评价的常用种类，共有定点试验、跟踪调查、用户调查、可靠性调查、生产试验和综合法等 6 种。根据以上统计和分析研究，可以得知，可靠性法依据的机理和试验方法均与适用性评价不同，在适用性评价理论和实践不丰满时，仅能以机具出现的可靠性故障情况来丰富调查内容，当建立了适用性理论考核的模式以后，这种方法就不宜继续采用了。生产试验法是定点试验的一种形式，在以往的部级推广鉴定实践中也没有单独使用过，因此，在新的适用性评价方法中也不再采用。其他 4 种评价方法通过以下认可和重新组合得以确认。

3.3.1　试验法和调查法可独立使用

试验法依据正交设计、均匀设计理论，调查法依据统计学原理，均各自有理论基础，在实际应用中，试验法有 11 个大纲独立使用，调查法有 18 个大纲独立使用，都具备独立使用的理论和实践基础。

3.3.2　跟踪调查法调整为跟踪测评法

跟踪调查法的内容还是调查，与调查法内容基本相同。在应用实践中，有 8 个大纲采用跟踪调查法与试验法组合；有 20 个大纲采用调查法与试验法组合，占 59 个大纲的 47%。这两种调查方法与试验法组合时，评价理论得到扩展，既可以听取用户的意见，又可以直接得到试验参数，并可以得到更为科学的评价结果，将现场跟踪的用户调查与现场对跟踪样机的试验结合起来，就是跟踪测评法。

3.3.3　综合法更有研究空间

从上述以往多年的部级推广鉴定实践中，我们看到通过多种评价方法的组合，可以在更大的领域里选取有相应理论依据的参数（因素），进行更准确的评价。尤其当机具的某些因素需要使用某种特定的评价方法，而其他因素又不宜于使用同一种评价方法时，采用两种或3种评价方法组合会有事半功倍的效果，所以，综合法应在新确定的评价法中占一席之位。

通过以上统计分析和研究，新的评价法将由试验法、跟踪测评法、调查法和综合法组成，在此予以论证。

3.4　4种适用性评价法的概念（定义）

根据适用性定义、适用性评价定义，及对以上评价方法存在问题的分析，适用性评价技术方法的概念中应有该项技术方法建立的理论依据、评价理论、因素和水平分析要求、机具指标的选用要求、评价数据的数据处理依据和专家资格要求等。

3.4.1　试验法定义

适用性试验技术评价是：按层次分析法建立理论模型（结合试验验证）确定机具适用性影响因素、参数及评价指标，按德尔菲法确定比较矩阵，按正交设计（均匀设计）方案，按德尔菲法确定机具适用性参数和水平，对一年内生产且使用未满一个作业季节的样机，按规定的适用性条件（含样机条件）（优先采用已公布的标准方法）、使用仪器或适宜的方法通过现场试验获取机具评价指标，采用单因素方差进行数据处理，得到适用性评价结论的方法。

农机产品的试验检测是比较成熟的技术，试验方法标准也比较系统，可依据标准对相关参数进行准确的试验检测。

理论模型：确立了评价系统内各因素间的逻辑关系。

试验内容：机具的适用性要求所涉及的因素、参数和评价指标。

试验要求与方法：按机具的适用性要求，参用正交设计（均匀设计）方案，在方案选定的区域（定点，也可以是希望销售的地点）内，使用相关仪器和测试手段，在规定的试验条件（含样机条件）下，根据机具试验方法标准进行试验，没有方法标准应先行制定试验方法，并经过行业专家组确认。

参数和水平选定方法：来自于理论模型对影响因素的分析结果，采用德尔菲法选取。

样机要求：每个试验区域选取1台，要求为一年内生产且使用未满一个作业季节的产品。

数据处理：采用单因素方差分析法进行数据处理。

德尔菲法的专家要求：具有机具研发制造、鉴定、推广、使用和农艺研究等实践经验的相关人员，在这些领域工作5年以上。每个领域不少于1人，总人数不应低于7人。

3.4.2 跟踪测评法定义

适用性跟踪测评技术评价是：按层次分析法理论建立机具跟踪测评模型（表）确立影响因素和评价指标逻辑关系。通过德尔菲法，结合调查验证确定影响因素、评价指标、权重系数和跟踪测评区域。在指定的考核区域内，依据机具标准和用户调查表对使用不超过一年的机具实施跟踪试验和调查。通过使用试验和调查数据建立"单台跟踪样机性能指标单节点跟踪结果汇总评价表"和"跟踪区域内（多样机）影响因素和评价指标适用性评价表"进行数据处理，得到适用性评价结论的方法。

跟踪测评分为两部分：一是对跟踪样机的机手进行用户调查；二是对跟踪样机进行性能试验。

理论模型：以"单台机具适用性跟踪测评模型"确立评价系统

内各因素间的逻辑关系。

跟踪性能试验与跟踪用户调查内容：通过德尔菲法确认的影响因素和机具性能指标。

跟踪样机和用户的选取要求：在机具使用区域内，每个跟踪区域选 2 台，要求为一年内生产且使用未满一个作业季节的产品，用户可以是样机的机手也可以是种植户。要求用户有机具使用和保养能力，有对机具状态变化情况的记录能力。

跟踪测评的要求与方法：用户调查至少进行 3 次，最后得分取 3 次调查得分的平均值；跟踪测评应根据机具试验方法标准进行，没有方法标准应先行制定试验方法，并经过行业专家组确认。

数据处理：将参数录入"单台跟踪样机性能指标单节点跟踪结果汇总评价表"，建立评价模型。通过"跟踪区域内（多样机）影响因素和评价指标适用性评价模型"进行数据处理。

专家要求：与试验法要求相同。

3.4.3 调查法定义

适用性用户调查技术评价是：按层次分析法建立的理论模型（结合试验标准）确定机具适用性影响因素、参数及评价指标。在机具使用区域和应有的用户基数内，按分层抽样方案确定调查用户及数量。按德尔菲法确定机具适用性参数和水平，按规定内容和方法对用户进行问卷获取评价指标，运用模糊评价矩阵分析处理调查数据的方式，得到适用性评价结论的方法。

调查法在农机鉴定中是比较成熟的工作方式，调查内容和评价方面也具有一定经验。

理论模型：确立了评价系统内各因素间的逻辑关系。

调查内容：与机具适用性有密切关系的影响因素和评价指标。

用户选取：应在一个规定的抽样基数上选取用户。

调查方法和要求：采用以实地、电话和发函调查等形式，对用户问卷调查的方法。要求应选择对机具熟悉、有文化、具有表达能力的用户；问卷内容在体现适用性影响因素、参数及评价指标的基础上，应易于用户理解和回答。

参数和水平确定方法：来自于理论模型对影响因素的分析结果，采用德尔菲法选取。

数据处理：采用模糊评价矩阵对调查数据进行处理。

专家要求：与试验法相同。

3.4.4 综合法定义

适用性综合评价是：按层次分析法建立的理论模型（结合试验验证）确定机具适用性影响因素、参数及评价指标。依据德尔菲法对机具影响因素和评价指标进行分类，分别对应试验法、跟踪法、调查法等 3 种评价方法，选取两种（或以上）方法组合，得到相关影响因素和评价指标，采用模糊数学评价模型进行数据处理，得到适用性评价结论的方法。

理论模型：确立了评价系统内各因素间的逻辑关系。

评价内容：适合 2 种（或 2 种以上）评价方法、与机具适用性有密切关系的影响因素和评价指标。

用户与试验样机选取：应符合试验法评价法、跟踪测评法和用户调查评价法对用户和样机的选取要求。

试验和调查方法与要求：应符合试验法评价法、跟踪测评法和用户调查评价法对试验和调查的方法与要求。

参数和水平确定方法：来自于理论模型对影响因素的分析结果，采用德尔菲法选取。

数据处理：采用模糊评价矩阵对调查数据进行处理。

专家要求：与试验法相同。

4 研究理论模型的确定

4.1 研究方法

4.1.1 层次分析法

农业机械适用性的影响因素较多,机具性能指标的优劣均与影响因素有关。每个因素影响的机具性能指标有时不止一个,因此,应设置多个因素和指标层,构成农业机械适用性评价的指标体系。该评价指标体系是一个多目标、多因素和多指标综合体系。这个特点适合采用层次分析法构建研究模型。

层次分析法(Analytic Hierarchy Process,AHP),是由美国著名运筹学家 Thomas L. Saaty 于 20 世纪 70 年代中期提出来的一种定性、定量相结合的、系统化、层次化的分析方法。它的优点是简单明了,不仅适用于存在不确定性和主观信息的情况,还允许以合乎逻辑的方式运用经验、洞察力和直觉。它把复杂系统中的各种指标划分为相互联系的有序层次,形成多层次分析结构。是一种简便、灵活而又实用的多准则决策方法。

4.1.2 德尔菲法

德尔菲法(Delphi 法)也称专家调查法,是采用通讯方式分别将所需解决的问题单独发送到各个有专业知识和相关经验的专家手中征询意见,收回后整理出综合意见,再发到专家手中,经多次反复征询意见,逐步取得比较一致的预测结果的决策方法。其优点主要是专家意见具有高度的独立性,简便易行,具有一定科学性和实用性,对意见不集中甚至分歧较大的部分通过多次征求意见,最终趋于统一的认识,可以避免会议讨论时产生的害怕权威随声附和,或固执己见，或因顾虑情面不愿与他人意见冲突等弊病；同时，也可以使大家发表的意见较快收敛，参加者也易接受结论，具有一定程度综合意见的客观性。这个方法的基础是专家，对专家的知识与经验应有要求与规定。在此基础上，德尔菲法比较适合种类中影响因素、评价指标和权重的研究分析。

4.1.3 模糊评价法

模糊集合理论的概念于 1965 年由美国自动控制专家查德（L. A. Zadeh）教授提出，用以表达事物的不确定性。

模糊综合评价法是一种基于模糊数学的综合评标方法。该综合评价法根据模糊数学的隶属度理论把定性评价转化为定量评价，即用模糊数学对受到多种因素制约的事物或对象做出一个总体的评价。它具有结果清晰，系统性强的特点，能较好地解决模糊的、难以量化的问题，适合各种非确定性问题的解决。

模糊综合评价法的最显著特点是：①相互比较，以最优的评价因素值为基准，其评价值为 1；其余欠优的评价因素依据欠优的程度得到响应的评价值。②可以依据各类评价因素的特征，确定评价值与评价因素值之间的函数关系（即：隶属度函数）。确定这种函数关系（隶属度函数）有很多种方法，例如，F 统计方法，各种类型的 F 分布等。当然，也可以请有经验的专家进行评价，直接给出评价值。

在实际运用中，首先构建模糊综合评价指标体系，用德尔菲法构建权重向量，再构建评价矩阵，然后建立适合的隶属函数从而构建评价矩阵，最后合成评价矩阵和权重，对结果向量进行解释，得到评价结论。

4.2 影响因素的分析确定

依据层次分析法原理，对适用性评价影响因素和评价指标进行分析，按隶属关系建立"适用性种类研究的综合评价指标体系和研究模型"。该体系由四层结构构成：第一层为目标层，即评价目标：农业机械适用度 U；第二层为准则层，即对农业机械适用性具有重要影响的因素；第三层为因素指标层，是第二层的细化；第四层为方法层，采用何种评价方法。

4.2.1 目标层

子课题的研究目标为"农业机械适用度 U"。

4.2.2 准则层（重要影响因素）和相关因素指标

4.2.2.1 选用研究方法——德尔菲法。确定影响农业机械适用性的因素和其水平方法有两类，一类是主观分析法，如专家调查法（Delphi 法）；另一类是客观分析法，如试验法或调查法。

部级推广鉴定鉴定大纲中列出的机具影响因素有：气象条件、农艺要求（农作制度）、作业对象、田间作业条件和机具配套条件等很多，不同的机具影响因素会有不同。这些因素如果采用客观分析法，如试验法来确认，试验工作量将非常大，例如，耕整机的假定影响因素有土壤类型、含水率、土壤坚实度、植被情况等 4 个，将其全面纳入评价体系，每个影响因素仅按 3 个水平开展评价，如果全面试验，共应做 34 次试验，见表 10 和表 11。

目前，一个耕整机推广鉴定工作的工作量一般在 3 ~ 5 个工作日，再加上试验准备和等待试验条件时间，整个确定时间会非常长，是不可取的。

表 10　主要影响因素和水平

水平	土壤类型	含水率	土壤坚实度	植被
1	沙壤土	<10%	<800kPa	<0.5kg/m²
2	轻黏土	10%~25%	800~1 500kPa	0.5~1.5kg/m²
3	重黏土	>25%	>1 500kPa	>1.5 kg/m²

表 11　正交试验表

No.	1	2	3	4
1	1	1	1	1
2	1	2	2	2
3	1	3	3	3
4	2	1	2	3
5	2	2	3	1
6	2	3	1	2
7	3	1	2	2
8	3	2	1	3
9	3	3	2	1

　　如果采用用户调查的方法，通过分析我们发现，用户的技术素养对土壤类型、含水率等影响因素的认知程度都不能达到调查要求，不能满足确定要求。

　　用户水平不能适应调查要求的情况在本子课题组涉及马铃薯收获机（挖掘深度）、青饲料收获机（品种、产量、作物含水率）、水稻插秧机（秧苗大小、穴株苗株数）、半喂入联合收割机（果穗大小、秸秆直径）、地膜覆盖机（垄高、地膜宽度）、残膜回收机（地膜使用年限）、和采茶机（蓬面宽度、单位面积株数）等机具中都存在。

　　综上所述，影响因素的确定需要采用德尔菲法（专家调查法），我们根据农业机械适用性评价影响因素所涉及的领域，提出选用专家的要求：具有机具研发制造、鉴定、推广、使用、管理和农艺研究等实践经验的相关人员，应在这些领域工作 5 年以上。每个领域不少于 1 人。考虑到使用和制造等领域，因机具种类多、专业性强给专家造成的局限性，需要在这些领域增加专家，要求专家总人数不应低于 7 人。同时要求，在实施专家打分前，应让专家充分了解相关机具适用性影响因素评定的目标和方法，并提供有关机具的适用性材料和相应表格等。

4.2.2.2　确定影响因素和因素指标。各省站按上述要求，在生产企业、鉴定、推广、用户、管理和农艺等各个机具适用性影响因素相关领域选取 7 ~ 10 名专家；设计出各类机具适用性影响因素重要程度专家打分表和适用性影响因素德尔菲法评定表，提供给专家；请专家按要求打分。现以耕整机为例：

第一，制定表 12 和表 13。

表 12　耕整机适用性影响因素重要程度（权重）专家打分

影响因素		重要程度打分（0 ~ 9 分）	受影响的指标	受影响程度打分（0 ~ 9 分）
类	因　素			
土壤	YS1		ZB1	
	...		...	
地形及田块	YN1			
	...			
农　艺	YD1			
	...			
...	YP1			
	...			
备注	请你给出 0 ~ 9 的相应分值，0 代表此因素无影响，9 代表此因素影响最高			

表 13　适用性影响因素德尔菲法评定

需评议的影响因素（Y）		评议专家意见德尔菲法（ZJ）										得分	得分率
		ZJ1	ZJ2	ZJ3	ZJ4	ZJ5	ZJ6	ZJ7	ZJ8	ZJ9	…		
土壤（S）	YS1												
	…	…	…	…	…	…	…	…	…	…	…		
地形与田块（N）	YN1												
	…	…	…	…	…	…	…	…	…	…	…		
农艺（D）	YD1												
	…	…	…	…	…	…	…	…	…	…	…		
…	YP1												
	…	…	…	…	…	…	…	…	…	…	…		
受影响的性能指标	ZB1												
	…												
备注	0代表此因素无影响，9代表此因素影响最高，根据程度选择0～9的数值												

　　第二，将耕整机适用性影响因素重要程度（权重）专家打分表（表12）发放给相关专家，对影响因素的重要程度进行打分。

　　第三，收回表格，按适用性影响因素德尔菲法评定表（表13）进行汇总统计分析，统计结果有两项或两项以上得分率在80%以上，视为意见统一，否则，将第一次的统计结果和耕整机适用性影响因素重要程度（权重）专家打分表（表11）再次发送给专家，进行第二次评分。回收第二次评分结果按适用性影响因素德尔菲法评定表（表13）进行统计分析，直至专家意见统一，得出主要影响因素和受影响的主要性能指标。

　　第四，发放耕整机适用性影响因素重要程度（权重）专家打分表，由专家分别对主要影响因素和受影响的主要性能指标的权重评分，回收耕整机适用性影响因素权重专家咨询表，并进行汇总，确定各自权重。

　　第五，经10位专家两轮打分，第二轮是提出个别分歧较大的因素继续打分，经过第二轮打分，分歧较小。最终统计分析，见图2和图3所示。耕整机适用性影响因素中土壤坚实度、土壤类型、土壤含水率、前茬作物及植被、田块大小得分率较高，分别为88.9%、86.7%、74.4%和41.1%、21%，在耕整机适用性评价中应当重点关注土壤坚实度、土壤类型、土壤含水率、前茬作物及植被和田块大小5个因素。

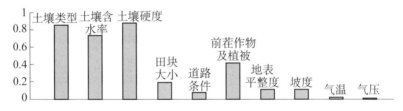

图2　耕整机适用性影响因素德尔菲法得分率

　　经过子课题对以8种机具为代表的适用性评价影响因素和评价指标的选取，得到表14。

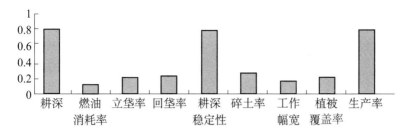

图3 受影响的主要性能指标

表14 适用性影响因素和相关指标

序号	准则性因素	因素指标
1	气象条件	气温（℃）/湿度（%）：高温、常温、低温/高湿、正常、干旱 风向、风速（m/s） 大气压力（kPa）
2	农艺要求	茶叶机械：篷面宽度、高度；植株高度、单位面积株数等 插秧机：株距、行距、垄间距、穴秧苗株数、秧苗大小、整地情况、田块浸水时间、田面水深等 铺膜机：垄宽、垄高等 地膜覆盖机：膜边覆土质量、垄高、覆土腰带质量、地膜宽度等 马铃薯收获机械：挖掘深度等 其他：亩株数、平作、垄作等
3	作业对象	种子类型、种子净度、种子含水率 肥料类型、形状和颗粒尺寸、施放深度 作物种类、品种、高度、产量、直径、成熟度；倒伏程度、作物含水率、草谷比、穗幅度差 铺膜机：地膜宽度、厚度；地膜使用年限

（续表）

序号	准则性因素	因素指标
3	作业对象	秸秆类型、秸秆直径、秸秆含水率、果穗大小、最低接穗（结荚）高度、留茬高度、根茬深度
		其他：使用农药、虫害状况
4	田间作业条件	地形地貌（水平因素：山地、丘陵、平原）
		地块形状、面积及坡度、田块大小
		水旱田：水田、旱田
		植被类型、植被覆盖率（量）、密度、高度及含水率
		土壤条件：类型（黏土、壤土、沙壤土等）、坚实度、绝对含水率
5	机具配套条件	PTO 型式、转速、速度
		牵引力
		整机质量
		悬挂装置型式、提升力
		轮距
		使用安全性
6	其他	作业性能适用度：机具对作物品种和农作制度（农艺）满足自身保持能力的条件
		污染程度：粉尘、气体排放、电磁污染、化学污染、噪声等

4.3 适用性种类研究的综合评价指标体系和研究模型

在目标层和影响因素及相关指标确定之后，子课题组依据层次分析法的原理构建"适用性种类研究的综合评价指标体系和研究模型"，如图 4 所示。

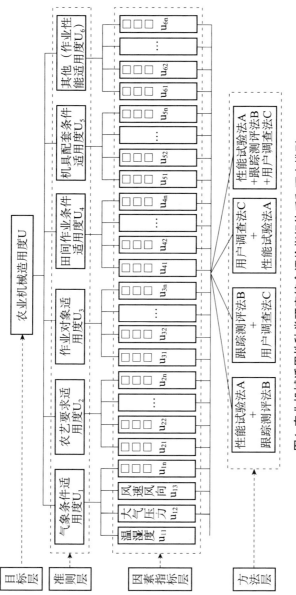

图4 农业机械适用性种类研究综合评价指标体系和研究模型

首先说明，准则层因素中最右边的"其他（作业性能适用度）"因素是一个对应因素，对应于适用性定义"适用性是农业机械在自然条件、作物品种和农作制度条件下，具有保持规定特性和满足当地农艺要求的能力。"的一个释义"如自然条件相同，当作物品种和农作制度（农艺要求）满足农业机械使用特性时，将可使农业机械的规定特性得以充分保持"。目前，适用性评价是指机具对自然条件、作物品种和农作制度条件的适用情况，但是随着农业现代化的发展和科技水平的提高，目前，已经出现了针对农机具性能，改变作物品种和农作条件，使农机具能够更方便作业的情况。因此，在综合评价指标体系和研究模型中增加这个因素，为某些技术含量很高，结构很复杂，设计定型制造成本很高的机具，提出适合它使用的农作物品种和行距、株距或生长形状等农作制度的要求，为今后该项目的继续深入研究留下接口。

其次说明，该模型由 4 个分项目组继续向下延伸，对每个机具建立相关标准体系和研究模型。

4.4　确定适用性种类研究各级指标的权重系数

评价模型中的权重是非常关键的参数，对评价结果起着至关重要的作用，不同的权重会得到不同的评价结果。确定权重的方法一般有专家调查（德尔菲）法、层次分析法等。若单纯采用专家调查法会受专家主观意志影响较大；而单纯采用层次分析法又存在操作性较差的缺陷。

为保证权重的客观、公正，子课题组采用专家调查法与层次分析法相结合来确定指标的权数，即采用德尔斐法征询相关领域内专家意见，同时，结合层次分析法的分析计算，最终确定各评价指标的权重。具体操作步骤：按照专家对各个指标重要性的评分，构造判断矩阵，再进行层次单排序及其一致性检验，求解判断矩阵的最大特征值 λ_{max} 及其所对应的特征向量 W，W 经过标准化后，即为同一层次中相应元素对于上一层中某个因素相对重要性的排序指标

（权重）。

根据上述方法，子课题组的 4 个省站根据各自研究的机具性能指标，确定了适用性影响因素和评价指标的权重。如内蒙古自治区农牧业机械试验鉴定站选用 9QSD － 1200 青饲料收获机，邀请鉴定机构、推广部门、高校、生产企业、用户等方面的 11 位专家确定影响因素和水平及性能指标和权重，见表 15 和表 16。

表 15　影响因素和水平

影响因素	水平		
作物倒伏程度	无倒伏、中等	倒伏、	严重倒伏
地表植被覆盖量（kg/m^2）	≤0.3	0.3～0.6	≥0.6
种植模式（行距）（mm）	≤400	400～600	≥600

表 16　性能指标和权重表

性能指标	权重
机具通过性	0.42
损失率	0.58

4.5　建立适用性种类研究的评价集

4 个适用性评价技术研究组（4 个省站）通过研究和论证，根据适用性评价特点和需要，建立评价集。在 2012 年 2 月的北京研讨会上汇总确定为基本评价集为 3 级：$V =$ ｛（适用、基本适用、不适用）｝。根据产品特殊性和需要，可以再细化或精确分为 5 级：评价级设为 $v =$ ｛（适用性强），（适用性较强），（适用性一般），（适用性较差），（不适用）｝；数量化表示为 $v =$ ｛100，80，60，40，20｝。或以 60 分以下为不适用，表示为 $v =$ ｛100，90，80，70，60｝。

4.6　对模型的验证

在建立了适用性种类研究的综合评价指标体系和研究模型之后，各省站均根据评价机具的适用性影响因素和评价指标，将相关指标体系带入模型，确定验证机型，制定相应验证方案，开展了验证工作。现以耕整机为例，展开验证过程。

4.6.1　验证步骤

4.6.1.1　确定验证样机和技术参数。应选取已经具有适用性特征的机型，如销量较大，推广应用较好，适用性较强；或销量很小，推广应用不理想，适用性不强的机型。通过验证研究评价过程，既可以检验模型的可操作情况，又可以验证通过研究模型的评价，并得到的结论与该机型已知的适用性是否吻合。

4.6.1.2　建立耕整机适用性评价研究模型。

4.6.1.3　确定指标集：将能影响评价农业机械适用性的各因素构成一个集合（体系）。

4.6.1.4　确定权重集：根据指标体系中各指标的重要程度，运用层次分析法对一级指标和二级指标（甚至更多级指标）分别赋予相应的权数。

4.6.1.5　确定评价集：$v = \{v_1$（适用性强），v_2（适用性较强），v_3（适用性一般），v_4（适用性较差），v_5（不适用）$\}$，数量化表示为 $v = \{100, 90, 80, 70, 60\}$。

4.6.1.6　求解评判矩阵：$R = (r_{ij}v)_{n \times m}$，首先确定出 U 对 v 的隶属函数，然后计算出适用性评价指标对各等级的隶属度 u_{ij}。

4.6.1.7　求得模糊综合评判集：即普通的矩阵乘法，根据评判集得终评价结果，给出农业机械适用性优劣的结论。

4.6.1.8　验证评价：对模型的各层因素、权重、评价集和一致性进行评价。

4.6.2　耕整机技术参数（以51-81型耕整机为例）

根据以上步骤和要求，选定在四川省农业机械鉴定站等地推广应用较好，适用性较强的51-81型耕整机为验证机型（技术参数，表17），选取的调查区域为成都地区、资阳市乐至县、达州市达县等3个地区；调查总点数为57个。调查采取实地调查、采访座谈、电话访谈和实地测量等方式进行。使用了手持式噪声分析仪、土壤水分测试仪、土壤坚实度测试仪、电子台秤、电子秒表、空盒气压表、钢卷尺、管形测力计、水平尺等仪器设备，均在检定和校准有效期内。

经测试，验证试验条件，见表18。

样机的性能参数测试结果，见表19-1至表19-3。

表 17　51 - 81 型耕整机技术参数

序号	项　目		单　位	规　格
1	配套动力	发动机型号	/	R180
		标定功率	(kW)	5.67
		标定转速	(r/min)	2 600
2	外形尺寸（长×宽×高）		(mm)	2 180×890×1 250
3	发动机启动方式		/	手摇启动
4	使用重量		(kg)	220
5	使用重量分配	驱动轮	(kg)	190
		滑轮	(kg)	30
6	耕宽		(cm)	25.0
7	耕深		(cm)	10.0～20.0
8	配套犁型号		/	51（81）型

表 18　51 - 81 型耕整机验证试验条件

序号	项　目	单　位	测定结果
1	土壤类型	/	沙壤土

（续表）

序号	项　目	单　位	测定结果
2	前茬作物	/	玉米
3	土壤绝对含水率（性能试验）	/	23.9%
4	土壤坚实度（性能试验）	(kPa)	971.3

表 19 - 1　51 - 81 型耕整机验证试验结果

项目类别		检验项目	合　格　指　标	单　位	检验结果	单项判定
类	项					
A	1	安全防护	所有运动部件都应视为危险件，特别是可能发生挤压或剪切危险的部位以及接近操作者工作位置的行走轮和履带及旋转工作部件，外露危险件应有可靠的防护装置	/	符合	合格
			防护装置必须有足够的强度，在 1200N 静载荷的垂直作用下不得产生裂缝、撕裂或永久变形	/	符合	
			防护装置不应妨碍机器操作和保养	/	符合	
			发动机排气管外应安装防护罩	/	符合	

表 19 - 2 51 - 81 型耕整机验证试验结果

项目类别		检验项目	合格指标	单位	检验结果	单项判定
类	项					
	2	安全警示标志	安全警示标志应齐全	/	符合	
			标志上必须有耐久的胶带，在正常清洗时不褪色、脱色、开裂和起泡，保持清晰	/	符合	合格
			汽油擦拭后标志不褪色	/	符合	
	3	动力切断可靠性	非作业状态能够可靠切断动力	/	符合	合格
	4	使用说明书安全事项描述	使用说明书中应规定安全操作规程和安全注意事项	/	符合	合格
	5	有效度	≥95.0 %	/	98.2 %	合格
	6	耕深	10.0～20.0（设计值）±1	(cm)	13.7	合格
	7	耕深稳定性	≥85 %	/	87.2 %	合格
A	8	驾驶员耳旁噪声	≤93.0	dB（A）	82.2	合格
		动态环境噪声	≤86.0	dB（A）	80.4	
B	1	耕宽	25（设计值）±5	(cm)	26.5	合格
	2	耕宽稳定性	≥85.0 %	/	90.4 %	合格

（续表）

项目类别		检验项目	合格指标	单位	检验结果	单项判定
类	项					
	3	植被覆盖率	≥80.0 %	/	82.5 %	合格
	4	作业小时生产率	0.08～0.13（设计值）	(hm²/h)	0.08	合格
	5	外观与涂漆	漆漆均匀，漆膜附着力三处均不低于Ⅱ级	/	符合	合格
			外观色泽均匀，平整光滑，无露底，起泡、起皱和流痕	/	符合	
B			所有零部件须经质量检验部门检验合格，外购、外协件须有合格证，并检验合格，方可进行装配	/	符合	
	6	整机装配	各零部件不得错装和漏装，紧固件应紧固可靠	/	符合	
			发动机带轮与离合器带轮的V形槽面的中心面应在同一平面，其偏差应不大于3mm。V形传动带的张紧程度应适中	/	符合	
			油门操纵机构应保证发动机在全程调速范围内稳定运转，也能使发动机停止运作	/	符合	

（续表）

项目类别		检验项目	合格指标	单位	检验结果	单项判定
类	项					
B	6	整机装配	各升降装置应升降可靠，所有自动回位的操纵柄在操纵力去除后应能自动返回原来位置	/	符合	
			离合机构应能分离彻底，接合平顺	/	符合	
			手操纵力应不大于250N	(N)	200	合格
			各运转件装配后应灵活、可靠，不得有卡滞现象和异常响声，接触处应加注润滑油	/	符合	
			转向操纵手柄应安装在驾驶员前方	/	符合	
C	1	立垡率	≤5.0%	/	3.3%	合格
	2	回垡率	≤5.0%	/	3.2%	合格
	3	单位作业量 主油料消耗量	≤12	(kg/hm²)	15.4	不合格

表 19 - 3　51 - 81 型耕整机验证试验结果

项目类别		检验项目		合格指标	单位	检验结果	单项判定
类	项						
	4	通过性能	最小转向圆半径	≤1.7	（m）	左：0.80 右：0.82	合格
			最小水平通过半径	≤2.4	（m）	左：1.68 右：1.72	
	5	配套农机具的换装方便性		配套农机具的换装应方便，连接可靠	/	符合	合格
C	6	密封性能		配套发动机不得有漏水、漏油、漏气现象。动结合面不漏油，静结合面参合面不渗油	/	符合	合格
	7	铭牌标志		在明显位置固定有产品标牌，并标明有产品型号、名称、主要技术参数、制造厂名称、制造日期、出厂编号，要求内容齐全、字迹清晰，固定牢靠	/	符合	合格

4.6.3 建立耕整机适用性综合评价研究模型（图5）

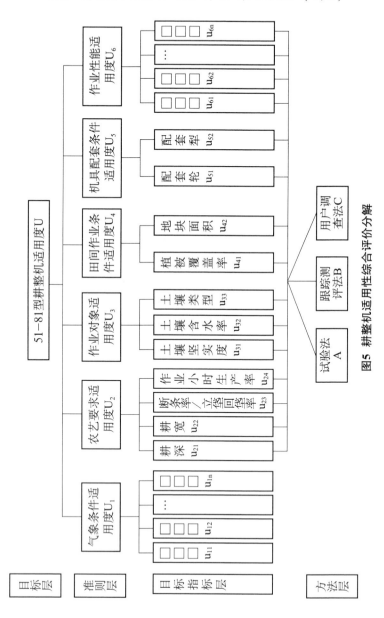

图5 耕整机适用性综合评价分解

4.6.4　构建因素集合

根据研究模型的层次关系，评价对象因素集合为下式：

$$U = \{U_1, U_2, U_3, U_4, U_5, U_6\}\quad\begin{aligned}U_1 &= \{u_{11}, u_{12}, \cdots, u_{1n}\}\\ U_2 &= \{u_{21}, u_{22}, \cdots, u_{2n}\}\\ U_3 &= \{u_{31}, u_{32}, \cdots, u_{3n}\}\\ U_4 &= \{u_{41}, u_{42}, \cdots, u_{4n}\}\\ U_5 &= \{u_{51}, u_{52}, \cdots, u_{5n}\}\\ U_6 &= \{u_{61}, u_{62}, \cdots, u_{6n}\}\end{aligned}\quad(1)$$

4.6.5　确定影响因素和评价指标的权重

4.6.5.1　方法研究。由于适用度 U 中各个因素对农业机械适用度的影响程度不同，需要对每个因素赋予不同的权重。本文运用层次分析法（AHP）求得不同层次指标的权重。采用 1～9 标度法，见表 20 所示。由各专家分别构造判断矩阵，见表 22、表 23 所示。然后由平均值得到最后的判断矩阵。根据最终确定的判断矩阵首先进行层次单排序及其一致性检验，求解判断矩阵的最大特征值 λ_{max} 及其所对应的特征向量 W，W 经过标准化后，即为同一层次中相应元素对于上一层中某个因素相对重要性的排序指标（权重）。

表 20　判断矩阵标度含义

标度	含　义
1	表示两个因素相比，具有同样重要性。
3	表示两个因素相比，一个因素比另一个因素稍微重要
5	表示两个因素相比，一个因素比另一个因素明显重要
7	表示两个因素相比，一个因素比另一个因素强烈重要
9	表示两个因素相比，一个因素比另一个因素极端重要

（续表）

标度	含 义
2，4，6，8	上述两相邻判断的中值。
倒数	因素 i 与 j 比较的判断 u_{ij}，则因素 j 与 i 比较的判断 $u_{ji} = 1/u_{ij}$

进行层次单排序与一致性检验时，判断矩阵的一致性指标 C_1 为：

$$C_I = (\lambda_{\max} - N) / (N - 1) \tag{3}$$

随机一致性比率 C_R 为

$$C_{R} = C_I/R_I \tag{4}$$

式中：

N——判断矩阵的阶数；

R_I——随机一致性指标。

各阶数判断矩阵所对应的 R_I，见表 21。

表 21　R_I 值

阶数	1	2	3	4	5	6	7	8	9
R_I	0	0	0.580	0.901	1.120	1.240	1.320	1.410	1.450

若 $C_R < 0.10$，则认为判断矩阵满足一致性检验；否则，需重新构造判断矩阵，直到一致性检验通过。经过层次单排序以及一致性检验，可确定出指标层的权重。利用同一层次所有层次单排序的结果，可以计算本层次所有元素对上一层次而言重要性的权值，即层次总排序。$C_R < 0.10$ 时，认为层次总排序满足一致性，得到准则层的权重。不同层次的因素指标权重可表示如下（表 22 和表 23）。

准则层权重为：

$$A = (a_1, a_2, a_3, a_4, a_5, a_6), \sum_{i=1}^{6} a_i = 1 \tag{5}$$

因素指标层权重为：

$$A_i = (a_{i1}, a_{i2}, \cdots, a_{in}), \sum_{j=1}^{n} a_{ij} = 1 (i = 1,2,3,4,5,6) \tag{6}$$

表 22　准则层 Ui 各因素指标相对权重测评

U_i	u_{i1}	u_{i2}	$\cdots$	u_{in}
u_{i1}				
u_{i2}				
$\cdots$				
u_{in}				

表 23　目标层 U 各准则相对权重测评

U	U_1	U_2	U_3	U_4	U_5	U_6
U_1						
U_2						
U_3						
U_4						
U_5						
U_6						

　　下面将 51 – 81 型耕整机技术参数带入，求解权重。

4.6.5.2　根据以上方法建立判断矩阵。根据前述德尔菲法，选定 12 位专家，发放调查表由各位专家按表 24 规定的标度含义给出所有因素的相对标度值。

表 24　51 – 81 型耕整机技术参数

序号	项　目		单　位	规　格
		发动机型号	/	R180
1	配套动力	标定功率	（kW）	5.67
		标定转速	（r/min）	2 600

（续表）

序号	项目		单位	规格
2	外形尺寸（长×宽×高）		（mm）	2 180×890×1 250
3	发动机启动方式		/	手摇启动
4	使用重量		（kg）	220
5	使用重量分配	驱动轮	（kg）	190
		滑轮	（kg）	30
6	耕宽		（cm）	25.0
7	耕深		（cm）	10.0～20.0
8	配套犁型号		/	51（81）型

表 25～表 29 为统计 12 位专家取值所得。

表 25　51－81 型耕整机适用度各测评因素的相对标度值

U	作业对象适用度（U_3）	田间作业条件适用度（U_4）	机具配套条件适用度（U_5）	农艺要求适用度（U_6）
作业对象适用度（U_3）		5	7	1
田间作业条件适用度（U_4）			2	1/3
机具配套条件适用度（U_5）				1/5
农艺要求适用度（U_2）				

表 26　作业对象适用度各测评因素的相对标度值

U_3	土壤坚实度（u_{31}）	土壤含水率（u_{32}）	土壤类型（u_{33}）
土壤坚实度（u_{31}）		5	1
土壤含水率（u_{32}）			1/5
土壤类型（u_{33}）			

表 27　田间作业条件适用度各测评因素的相对标度值

U_4	植被覆盖率（u_{41}）	地块面积（u_{42}）
植被覆盖率（u_{41}）		1/2
地块面积（u_{42}）		

表 28　机具配套条件适用度各测评因素的权重值

U_5	装配轮（u_{51}）	配套犁（u_{52}）
装配轮（u_{51}）		1/3
配套犁（u_{52}）		

表 29　农艺要求适用度各测评因素的相对标度值

U_6	耕深（u_{61}）	耕宽（u_{62}）	断条率/立垡回垡率（u_{63}）	作业小时生产率（u_{64}）
耕深（u_{61}）		3	5	1
耕宽（u_{62}）			2	1/2
断条率/立垡回垡率（u_{63}）				1/5
作业小时生产率（u_{64}）				

4.6.5.3　确定影响因素和评价指标权重。根据表 24 ~ 表 29 建立判断矩阵，按层次分析法计算出 51 – 81 型耕整机适用性各因素的权重，见表 30 所示。

表 30 各评价因素指标权重

准则层	准则层权重（A）	因素指标层	指标层权重（Ai）	备注
作业对象适用度（U_3）	0.4799	土壤坚实度 u_{31}	0.454 5	
		土壤含水率 u_{32}	0.090 9	
		土壤类型 u_{33}	0.454 5	
田间作业条件适用度（U_4）	0.156 9	植被覆盖率 u_{41}	0.333 3	
		地块面积 u_{42}	0.666 7	
机具配套条件适用度（U_5）	0.068 2	装配轮 u_{51}	0.250 0	
		配套犁 u_{52}	0.750 0	
农艺要求适用度（U_6）	0.295 0	耕深 u_{21}	0.403 1	
		耕宽 u_{22}	0.155 6	
		断条率/立垡回垡率 u_{63}	0.077 0	
		作业小时生产率 u_{64}	0.364 2	

4.6.6 确定各评价指标隶属度

4.6.6.1 方法研究。在进行模糊综合评价前应先确定各评价指标的隶属度，对于难以用数量表达的指标，如环境条件、地表条件等，采用模糊统计法来确定隶属度。模糊统计方法是让参与评价的专家按事先给定的评价集 V 给各个评价指标划分等级（表31），再依次统计各个评价指标 u_{ij} 属于各个评价等级 Vq（$q=1$，2，3，4，5）的频数 n_{ijq}（表32），由 n_{ijq} 可以计算出评价因素隶属于评价等级 Vq 的隶属度 u_{ij}^q。如果聘请 n 个专家，则 u_{ij}^q 为：

$$u_{ij}^q = n_{ijq}/n \tag{7}$$

对于可以收集到确切数据的定量指标，可以分成正向指标、负向指标与适度指标，并确定各评价等级 Vq 的临界值 $v_1 \sim v_6$，再通过 Zadeh 式（8）~（10）计算已量化的指标 u_{ij} 隶属于各评价等级的隶属度。

正向指标的隶属度为：

$$u_{ij}^q = \begin{cases} 0 & u_{ij} < v_q \\ (u_{ij} - v_q)/(v_{q+1} - v_q) & v_{q+1} > u_{ij} \geq v_q \\ 1 & u_{ij} \geq v_{q+1} \end{cases} \tag{8}$$

适度指标的隶属度为：

$$u_{qij} = \begin{cases} 0 & v_{ij} > v_{q+1}, u_{ij} < v_q \\ 2(uj - v_q)/(v_{q+1} - v_q) & v_q \leq u_{ij} < v_q + (v_{q+1} - v_q)/2 \\ 2(v_{q+1} - u_{ij})/(v_{q+1} - v_q) & v_q + (v_{q+1} - v_q)/2 \leq u_{ij} \leq v_{q+1} \end{cases} \tag{9}$$

负向指标的隶属度为：

$$u_{ij}^q = \begin{cases} 1 & v_{ij} \leq v_q \\ (v_{q+1} - u_{ij})/(v_{q+1} - v_q) & v_{q+1} \geq u_{ij} > v_q \\ 0 & u_{ij} > v_{q+1} \end{cases} \tag{10}$$

表 31　受适用性影响因素影响程度专家调查

准则	因素指标	因素指标水平	受访专家评价适用程度
U_i	u_{ij}		□适用性强 □适用性较强 □适用性一般 □适用性较差 □不适用

注：1、"因素指标水平"按实际调查情况填写；2、受访专家评价时在对应"□"内打"✓"；3、本调查表受访专家中至少应有用户（机手）、农机推广人员、生产企业人员、农机鉴定人员、农机管理部门人员等，受访专家人数在 10 人至 20 人

表 32　受适用性影响因素（定性指标）影响程度专家调查统计

准则	因素指标	适用性影响程度	专家评价意见				频数
			专家 1	专家 2	…	专家 n	
U_i	u_{ij}	v_1					
		v_2					
		v_3					
		v_4					
		v_5					

　　在评价指标 x_1，x_2，…，x_m（$m > 1$）中可能包含有"极大型"指标、"极小型"指标、"中间型"指标和"区间型"指标。

4.6.6.1.1　极大型指标：总是期望指标的取值越大越好。

4.6.6.1.2　极小型指标：总是期望指标的取值越小越好。

4.6.6.1.3　中间型指标：总是期望指标的取值既不要太大，也不要太小为好，即取适当的中间值为最好。

4.6.6.1.4　区间型指标：总是期望指标的取值最好是落在某一个确定的区间内为最好。

　　评价指标类型的一致化。

　　（1）极小型指标：对于某个极小型指标 x，则通过变换 $x' = \dfrac{1}{x}$

（$x > 0$），或变换 $x' = M - x$，其中 M 为指标 x 的可能取值的最大值，即可将指标 x 极大化。

（2）中间型指标：对于某个中间型指标 x，则通过变换

$$x' = \begin{cases} \dfrac{2(x - m)}{M - m}, & m \leqslant x \leqslant \dfrac{1}{2}(M + m) \\ \dfrac{2(M - x)}{M - m}, & \dfrac{1}{2}(M + m) \leqslant x \leqslant M \end{cases}$$

其中，M 和 m 分别为指标 x 的可能取值的最大值和最小值，即可将中间型指标 x 极大化。

（3）间型指标：对于某个区间型指标 x，则通过变换

$$x' = \begin{cases} 1 - \dfrac{a - x}{c}, & x < a \\ 1, & a \leqslant x \leqslant 0 \\ 1 - \dfrac{x - b}{c}, & x > b \end{cases}$$

其中，$[a, b]$ 为指标 x 的最佳稳定的区间，$c = \max \{a - m, M - b\}$，$M$ 和 m 分别为指标 x 的可能取值的最大值和最小值，即可将区间型指标 x 极大化。

对于某一作业性能参数项目测试结果数据，可采用表 33 进行一致性变换，即把测试数据依据评价集进行数量化。

表 33　能试验测试结果及评价的一致性

性能试验测试结果	单项评价	数量化
$x < X (1 - 20\%)$	适用性强	100
$X (1 - 20\%) \leqslant x < X (1 - 10\%)$	适用性较强	90
$X (1 - 10\%) \leqslant x < X (1 + 10\%)$	适用性一般	80
$X (1 + 10\%) \leqslant x < X (1 + 20\%)$	适用性较差	70
$x \geqslant X (1 + 20\%)$	不适用	60

注：x 为测试值，X 为该项目的标准值

4.6.6.2　计算耕整机各评价因素隶属度。根据上述方法和调

查表及试验检测数据计算出 51 – 81 型耕整机各评价因素的隶属度，见表34。

表34 各评价因素指标隶属度

因素指标	等级				
	V_1	V_2	V_3	V_4	V_5
土壤坚实度（u_{31}）	0.43	0.24	0.16	0.17	0
土壤含水率（u_{32}）	0.26	0.33	0.16	0.17	0.08
土壤类型（u_{33}）	0.36	0.25	0.15	0.15	0.09
植被覆盖率（u_{41}）	0.32	0.25	0.15	0.11	0.17
地块面积（u_{42}）	0.28	0.39	0.14	0.13	0.06
装配轮（u_{51}）	0.28	0.31	0.17	0.16	0.08
配套犁（u_{52}）	0.22	0.3	0.21	0.17	0.1
耕深（u_{61}）	0.34	0.23	0.27	0.12	0.04
耕宽（u_{62}）	0.22	0.23	0.32	0.17	0.06
断条率/立垡回垡率（u_{63}）	0.29	0.27	0.22	0.12	0.1
作业小时生产率（u_{64}）	0.3	0.19	0.23	0.18	0.1

4.6.7 模糊综合评价

4.6.7.1 方法研究。首先进行一级模糊综合评价，采用由式（7）～（10）确定的隶属度 u_{ij}^q 刻画的模糊集合来描述的模糊规则，得到模糊矩阵 R_i 为：

$$R_i = \begin{bmatrix} r_{11} & r_{12} & \cdots & r_{1n} \\ r_{21} & r_{22} & \cdots & r_{2n} \\ r_{31} & r_{32} & \cdots & r_{3n} \\ \cdots & \cdots & \cdots & \cdots \\ r_{61} & r_{62} & \cdots & r_{6n} \end{bmatrix}$$

一级综合评价模型 D 为：

$$D = A_i R_i = \begin{bmatrix} D_1 \\ D_2 \\ D_3 \\ D_4 \\ D_5 \\ D_6 \end{bmatrix} = \begin{bmatrix} A_1 R_1 \\ A_2 R_2 \\ A_3 R_3 \\ A_4 R_4 \\ A_5 R_5 \\ A_6 R_6 \end{bmatrix} \qquad (12)$$

对指标层的每一评价指标 a_{ij} 均作出评价后，对准则层各指标进行二级模糊综合评价，得出评价矩阵 B 为：

$$B = AD = [b_1, b_2, b_3, b_4, b_5] \qquad (13)$$

如果评价结果 $\sum_{i=1}^{5} b_i \neq 1$ ，对结果进行归一化处理，得到 B^* ，并计算 S 为：

$$S = B^* C^T$$

式中：

C——矩阵由评价集 V 确定，取值为各评价等级临界值的中值；

S——农业机械适用度综合评价结果。

4.6.7.2　实施模糊评价。根据一级模糊综合评价模型，计算出指标层的评价向量为：

$$D_1 = A_1 R_1 = (0.4545, 0.0909, 0.4545)$$

$$\times \begin{bmatrix} 0.43 & 0.24 & 0.16 & 0.17 & 0 \\ 0.26 & 0.33 & 0.16 & 0.17 & 0.08 \\ 0.36 & 0.25 & 0.15 & 0.15 & 0.09 \end{bmatrix}$$

$$= (0.3827, 0.2527, 0.1554, 0.1609, 0.0482)$$

同理可得：

$$D_2 = (0.2933, 0.3433, 0.1433, 0.1233, 0.0967)$$

$$D_3 = (0.2350, 0.3025, 0.2000, 0.1675, 0.0950)$$

$$D_4 = (0.3029, 0.2185, 0.2593, 0.1496, 0.0696)$$

对准则层各指标进行二级模糊综合评价，根据式（13）得出

$$B = \begin{bmatrix} 0.3351 & 0.2602 & 0.1872 & 0.1521 & 0.0653 \end{bmatrix}$$

$$S = B^* C^T = \begin{bmatrix} 0.34 & 0.26 & 0.19 & 0.15 & 0.07 \end{bmatrix} \times \begin{bmatrix} 95 & 85 & 75 & 65 & 30 \end{bmatrix}^T = 80$$

对照评价集：

$V = \{$（适用性强），（适用性较强），（适用性一般），（适用性较差），（不适用）$\}$；

$v = \{100, 90, 80, 70, 60\}$（量化表示）。

由此可以判定 51 – 81 型耕整机适用度结论"适用性较强"。

4.6.8 子课题组验证研究完成情况

验证工作从 2012 年初开始启动，子课题组在江苏省召开验证方案和验证工作研讨会，对内蒙古自治区农牧业机械试验鉴定站、江苏省农业机械试验鉴定站、甘肃省农业机械鉴定站和四川省农业机械鉴定站 4 个子课题参加单位制定的对试验法、跟测测评法、调查法和综合法等 4 种评价技术的验证方案讨论确认，并就各省站对其他省研究的评价方法实施交叉验证的办法进行了讨论，其中，甘肃农业机械鉴定站除验证调查法之外，再结合残膜回收机标准制定工作，选取残膜回收机，采用试验法进行验证。各省站根据适用性评价技术特点，结合标准制定工作的需要，共选取了动力机械（拖拉机）、耕整地机械（耕整机）、种植施肥机械（乘坐和步行式插秧机、起垄全铺膜施肥联合作业机）、收获机械（谷物、水稻、青饲料、马铃薯和茶叶收获机）和耙齿式残膜回收机共 14 个机型（表 35），进行验证研究工作，得到了对 14 个机型的适用性评价的结论（见各省的研究报告），到 2013 年上半年全部工作结束。

表 35　14 种机械机型

序号	单　　　　位	验　证　机　型
1	内蒙古农牧业机械试验鉴定站（试验法）	9QSD – 1200 型青饲料收获机
2		1600 型马铃薯收获机
3	江苏省农业机械试验鉴定站（跟踪测评法）	2Z – 6B3（PZ60 – HGSR）型乘坐式高速插秧机（共 6 个机型）
4		2ZX – 630 步行式机动水稻插秧机
5		4LB – 150A 半喂入联合收割机（3 个机型）
6		4LBZ – 150（TH680）履带自走式半喂入联合收割机（7 个机型）
7	甘肃省农业机械鉴定站	1FMJS – 125A 型耙齿式残膜回收机（试验法）
8		1MLQS – 40/80 型起垄全铺膜施肥联合作业机（调查法）
9	四川省农业机械鉴定站（综合法）	51 – 81 型耕整机
10		4C – 60 型切割式采茶机
11		HV – 10A 型单人采茶机
12		4L – 0.6 型谷物联合收割机
13		2ZF – 6 型手扶式插秧机
14		SM – 240 型轮式拖拉机

4.6.9　验证结论

依据 51 – 81 型耕整机在四川省的使用情况调查和试验，子课题组通过德尔菲法确定该机型的适用性影响因素和评价指标体系。依据适用性种类研究的综合评价指标体系和研究模型，建立了耕整机适用性综合评价研究模型。运用多级模糊综合评价方法对适用度进行判别。通过研究验证过程表明，该研究模型所体现的评价方法在实际应用中，能够很好地解决影响因素和评价指标以及评价等级判定的模糊性问题，评价结果客观地反映了耕整机适用度水平。通过验证，子课题组认为：

4.6.9.1　研究模型的理论基础为层次分析法、模糊数学法和德尔菲法，符合农机产品适用性评价的实际，这几种理论在验证中都有实际应用的对象和抓手，使农机适用性评价技术面临的单个影响因素对多个指标产生影响，多个影响因素对多个评价指标产生复杂的交叉影响，不利于定量分析的难题，通过研究模型得以理顺，并得到解决。

4.6.9.2　研究模型各层因素的分类准确，逻辑关系清楚，通过对适用性和适用性评价定义的释义，比较好的把握住了评价的相对关系，选取的准则性因素具有很强的代表性，能涵盖农机产品适用性评价涉及的所有因素，为全面解析评价指标提供了研究基础。

4.6.9.3　研究模型形成的对各层影响因素和评价指标权重影响的分析和计算方法，通过对指标集建立隶属度计算和模糊矩阵评价，以一致性变换和矩阵计算，使复杂的多因素与多指标关系得到有序组合和量化，整个技术评价结果处理过程条理清楚，操作性强。

4.6.9.4　在以上结论的基础上，研究模型的适用度概念清楚明确，能合理反映适用性的量化指标，且计算简单、合理，易于评价，评价结果直观。研究模型在验证耕整机后得到的适用性评价结果为适用性较强，与该机具原有的特性吻合。这也证明研究模型正确可行。

5 4种评价法的适用范围分析

5.1 4种评价方法的综合性因素分析

5.1.1 研究模型有一个总的目标层和准则层因素，有各自的获取方法

4种评价方法均采用层次法建立理论模型，确定影响因素和评价指标，不同的是获取影响因素和评价指标的方式方法。采取何种方法需依据机具的影响因素、评价指标、成熟程度、投放数量、投放区域及评价效率等因素。

5.1.2 对样机有统一要求

4种评价方法中，试验法、跟踪测评法和综合法中都有试验或跟踪样机，为使评价结果具有可比性，均要求样机是企业一年内生产且使用未满一个作业季节的产品。

5.1.3 对用户有相同要求

4种评价方法中，调查法规定了调查用户的抽样基数为50户以上，这不但规定了调查法的应用范围，也划定了在综合法中选用这个方法的范围，同时，调查机具使用的时间应在一年之内。

5.2 对每种方法的适用范围分析

5.2.1 试验法

在理论模型的准则层影响因素中，作业对象适用度因素占主导地位，气象条件、农艺要求、田间作业条件的因素影响小；适用性评价指标主要是作业对象的品质，如马铃薯的破碎程度、铡草品质、颗粒饲料的质量等。产品有试验方法标准，新产品比较多，没有投放或投放量很小的机具，可使用此种方法，如马铃薯收获机、铡草机和秸秆颗粒压制机等。

5.2.2 跟踪测评法

在理论模型的准则性因素中，农艺要求、田间作业条件适用度等因素占主导地位；适用性评价指标包含农艺要求、经济指标、作业质量等，如漂秧率、总损失率、含杂率等。产品应有试验方法标准，没有投放或投放量很小的机具，可使用此种方法，如插秧机、联合收割机等。

5.2.3 调查法

在理论模型的准则性因素中，气象条件、农艺要求、作业对象要求、机具配套条件等准则性因素都对机具使用有明显影响，适用性评价指标包含农艺要求、经济指标、作业质量等。产品量大面广，至少有 50 户以上用户的投放量。如农田残膜回收机。

5.2.4　综合法

在选用组合方式时，限制条件：一是采用调查法与其他方法组合时，用户数量应大于 50 户；二是选用试验法或跟踪法与其他方法组合时，试验或跟踪样机应是一年内生产且使用未满一个作业季节的产品。除此之外，均可以采取两种方法组合或 3 种方法组合的方式进行评价。

5.3　对子课题继续滚动的建议

对 4 种评价方法适用范围的分析研究之后，我们还希望根据试验法、跟踪测评法和调查法的定义，研究要获取每个机具的单个适用性影响因素和评价指标时，最适合采用哪种评价方法，采用后适用性评价的周期、效果、成本发生的变化情况，研究后得到有量化评价的结论。根据这个结论建立一个评价方法推荐表，对每个机具的单个适用性影响因素和评价指标的获得方法给出推荐意见，获取哪个指标最适用，就采用哪种评价法。这样，每个机具都有一个推荐方案，哪些因素和指标采用试验法，哪些采用跟踪法，哪些采用调查法，或两种方法组合。使适用性评价的结论更接近实际，过程更易于把握，更具有操作性。

基于本次子课题的研究任务比较繁重，是从无到有的过程和阶段，经过 5 年的努力，已经搭建了继续深入的基础，希望课题能够继续滚动，将上述希望通过研究得以实现。

6　成果示范应用情况与推广前景

本项目组确定的 4 种评价法的定义、研究模型、适用性影响因素和对适用性（试验、跟踪、调查和综合）考核参数、权重系数和评价集均为农业机械适用性评价打下了坚实的技术基础，使 4 种评价技术的研究都能顺利开展（表36）。在研究过程中各个省的研究人员共发表了19篇论文（表37），将4个评价办法的理论基础、因素权重、指标作用和验证情况都做了论述和论证。在此基础上制定的用于8种机具的行业标准，是应用适用性评价理论，根据不同的机具，采用不同的评价方法，选取有效的因素和权重及考核指标，通过验证，操作性很强的技术规范文件，将能够在科学、高效、量化的开展农机产品的适用性评价发挥作用。

表36 形成适用性评价方法

单 位	标 准 名 称	
内蒙古自治区农牧业机械试验鉴定站	马铃薯收获机适用性评价方法	青饲料收获机适用性评价方法
江苏省农业机械试验鉴定站	水稻插秧机适用性评价方法	半喂入联合收割机适用性评价方法
甘肃省农业机械鉴定站	地膜覆盖机适用性评价方法	残膜回收机适用性评价方法
四川省农业机械鉴定站	耕整机适用性评价方法	采茶机适用性评价方法

7 存在问题及建议

第一，在子课题研究的进程中，4个参加省站，开展了从动力机械（如拖拉机）到耕（耕整机）种（插秧机）收（半喂入谷物收割机）等14个机具的技术验证研究工作，确保了研究模型技术立论的需要。但毕竟此次农机适用性评价技术研究是开创性的技术工作，全国农机具分布区域情况（图谱）子课题也与我们的子课题组一起结束课题，图谱也刚刚产生。同时，目前农机具的种类多，每个种类的机型也非常多，对于每一种机具的每一个机型来说，运用哪种评价方法最适合，还需要在全国的每个分布区域里，进行更

表 37　发表论文

序号	论著题目	出版、发表刊物	出版、发表时间	完成单位	第一作者
1	《内蒙古自治区农牧业机械试验鉴定站古马铃薯收获机械应用现状分析》	内蒙古自治区农牧业机械试验鉴定站古农业科技	2013.8.20	内蒙古自治区农牧业机械试验鉴定站古自治区农牧业机械试验鉴定站	侯兰荏
2	《青饲料收获机适用性影响因素的分析与实证》	畜牧与饲料科学	2013.8.30		陈晖明
3	《马铃薯收获机适用性影响因素的分析与实证》	农机化研究	2013.12.1	内蒙古自治区农牧业机械试验鉴定站	王海军
4	《农业机械适用性评价中性能试验法理论模型构建研究》	内蒙古自治区农牧业机械试验鉴定站农业科技	2013.12.20		王　强
5	农业机械适用性跟踪测评价方法研究	农机质量与监督	201307		孔华祥
6	水稻插秧机适用性影响因素分析	江苏省农业机械试验鉴定站农机化	201305	江苏省农业机械试验鉴定站	刘　勇
7	江苏省农业机械试验鉴定站水稻插秧现状与农艺分析	江苏省农业机械试验鉴定站农机化	201307		刘　勇

（续表）

序号	论著题目	出版、发表刊物	出版、发表时间	完成单位	第一作者
8	我国半喂入联合收割机适用性分布	江苏农业机械试验鉴定站农机化	201307	江苏省农业机械试验鉴定站	纪鸿波
9	影响半喂入联合收割机适用性评价的因素及相关性能指标分析研究	江苏农业机械试验鉴定站农机化	201309		纪鸿波
10	性能试验法评价地膜覆盖机适用性方法研究	农业机械	201304		赵海志
11	基于调查法的地膜覆盖机适用性评价	中国农机化学报	201305		程兴田
12	农业机械适用性用户调查评价模型研究——基于模糊层次分析法	农机化研究	201307	甘肃省农业机械鉴定站	程兴田
13	残膜回收机适用性评价方法研究	农业机械	201306		安长江
14	残膜抗拉机械强度对残膜回收机适用性影响研究	农业机械	201307		安长江

（续表）

序号	论著题目	出版、发表刊物	出版、发表时间	完成单位	第一作者
15	耕整机适用性影响因素研究	四川省农业机械鉴定站农业与农机	201306		应文胜
16	影响采茶机适用性的因素分析	四川省农业机械鉴定站农业与农机	201306		邓晓明
17	基于模糊综合评判法的采茶机适用性研究	四川省农业机械鉴定站农业与农机	201307	四川省农业机械鉴定站	邓晓明
18	耕整机适用性评价技术方法研究	四川省农业机械鉴定站农业与农机	201307		应文胜
19	基于 AHP 法农业机械适用性综合评价方法模型的建立	西南大学学报	录用		徐涵秋

大范围、更多机型的验证。

第二，研究过程中在技术上的沟通还不够充分，各项目组重复性研究浪费时间和精力。例如，对各种机具开展试验、跟踪和调查活动的区域，每个承担相关任务的单位都进行了研究。其实总项目组有机具使用范围分布区域的子课题组，该子课题通过大范围的调查统计，绘制出了主要机具开展试验、跟踪和用户调查的分布图。如果项目内及时开展技术交流，可以避免很多重复性研究，重复性研究花费很多时间，影响研究深度和进度。

农业机械适用性跟踪测评评价技术研究

江苏省农业机械试验鉴定站

1 概述

农业机械适用性评价技术研究主要研究跟踪测评条件、跟踪考核数据的处理、单台样机适用性跟踪测评方法、适用性跟踪考核综合评价方法、适用性评价结论等。

在研究中，首先，建立单台样机适用性跟踪测评模型，通过该模型，明确适用性影响因素、跟踪考核条件、适用性性能（指标），构建单节点，以单节点作为单台样机适用性研究的基本单元，构建单节点参数集 {单节点影响程度，单节点适用性评价分值 Ψ_{ji}，跟踪考核模式集 M}；其次，完成单台样机跟踪考核适用性评价后，进行区域内多台样机跟踪考核适用性综合评价，通过构建适用性跟踪综合测评表，建立单节点综合评价参数集 {单节点适用性评价均分值，单节点理想适用性加权分值，单节点适用性加权分值}，确定单影响因素适用指数和综合适用指数；最后，得出单影响因素适用性评价结论和所有影响因素适用性综合评价结论。

2 术语和定义

下列定义适用于本适用性评价技术研究。

2.1 跟踪测评评价技术

在正常作业情况下，采用跟踪方式，跟踪考核机具实际作业状况，以评价机具的适用性。重点研究跟踪测评条件的设计、考核模式和跟踪数量的确定、测评考核结果处理及分析应用等。

2.2 单节点

某个适用性影响因素与某个适用性性能（指标）相对应的关系，在本文研究的评价模型中称之为"单节点"。

2.3 权重

权重是一个相对的概念，是针对某一指标而言。某一指标的权重是指该指标在整体评价中的相对重要程度。权重表示在评价过程中，是被评价对象的不同侧面的重要程度的定量分配，对各评价因子在总体评价中的作用进行区别对待。事实上，没有重点的评价就不算是客观的评价。

2.4 权重系数

权重系数是指在一个领域中，对目标值起权衡作用的数值。权重系数是表示某一指标项在指标项系统中的重要程度，它表示在其他指标项不变的情况下，这一指标项的变化，对结果的影响。权重系数的大小与目标的重要程度有关。

2.5 单节点适用性

某单节点，其适用性性能（指标）对相关联的适用性影响因素的适用程度，称单节点适用性，其适用性评价结果可分为"适用、较适用、基本适用、不太适用、不适用"，其适用性评价分值分别对应为"5分、4分、3分、2分、1分"。

2.6 单节点适用性加权分值

单节点适用性评分值在综合考虑了其适用性影响因素权重和适用性性能（指标）权重后，通过"与"计算出的值，称之为单节点适用性加权分值。

2.7 单影响因素适用性加权分值

某个适用性影响因素对所关联的单节点适用性加权分值，通过"和"计算出的值，称之为单影响因素适用性加权分值。

3 跟踪测评条件

3.1 基本条件

3.1.1 确定典型适用区域

适用性影响因素主要包括气象条件、农艺要求、作业对象、田间作业条件、机具配套条件、其他等，将其相对固定不变的因素（在本研究中定义为考核条件）归类，结合区域分布，划分成多个适用性跟踪考核的典型适用区域（地区）。为了减少工作量，适用区域一般≤9个，各区域分别用SQ1、SQ2、SQ3…表示。区域划分在各产品的适用性评价标准中明确。例如，对水稻插秧机而言，稻麦轮作区是我国的一个主要区域之一，江苏省具有良好的机械化率，可以作为一个适用性跟踪考核区。

3.1.2 确定跟踪考核区域适用性主要影响因素

设计制定一套科学、合理、系统的评价指标体系是评价结果准确、有效的基础和前提。在实际的综合评价中，如何选择评价指标是一个很重要的问题，应该慎重考虑，并非是评价指标越多越好，但也不是越少越好，关键在于评价指标在评价中所起的作用大小。

另外，评价农业机械适用性的指标体系是多层次的系统，结构复杂，只有从多个角度和层面来设计指标体系，才能准确反映农业机械的适用性，而且影响农业机械适用性的因素较多，对其进行分析时一定要重点关注对适用性影响较大的因素，而不纠缠于细枝末节，因此，设计评价指标体系应该遵循以下原则：科学性原则、主导性原则、独立性原则、可操作性原则。

本评价方法将适用性主要影响因素分类为：考核条件、影响因素（Y）及作业条件（T）3 类。

3.1.2.1 确定跟踪考核区域考核条件。在选定跟踪考核区域后，在这个区域内，有些条件是唯一的或确定的，如土壤条件、植被类型、地形地貌、地块形状大小及其他作业的前提条件。这些条件也符合跟踪考核区域规划的要求。

3.1.2.2 确定跟踪考核区域适用性影响因素及作业条件

适用性影响因素：在适用性跟踪考核条件下，对适用性性能（指标）影响显著的因素；

作业条件：适用性影响因素的变化范围很宽，如果都要研究，困难很大。通过经验总结，可将适用性影响因素的范围压缩到一定的范围内，使得适用性考核大大简化。对于作业条件范围为多选的，选定一种条件进行评价。

3.2 跟踪考核样机数量和技术状态确定

（1）跟踪考核样机一般为 2 台。所评价产品在该适用区域内，适用性影响因素对其影响比较复杂的，可相应增加跟踪考核样机数量。

（2）跟踪检测的样机为一年内生产且使用未满一个作业季节的合格产品。

3.3 跟踪考核用户确定

（1）跟踪考核样机在选定的适用区域内确定，且为一年内生产、使用未满一个作业季节的产品。用户档案由生产企业提供。用户应具有完成作业日记的能力，有网上交流能力和条件者优先选用。

（2）企业应对用户进行所考核样机的使用和保养培训；考核单位应对用户进行试验内容、要求及记录方法等方面的培训。

3.4 考核模式

（1）跟踪考核由具有资质的检验人员完成，跟踪考核人员采用随机考核、记录和机手（或种植户）进行跟踪了解作业情况。

（2）跟踪考核的内容为主要的适用性影响因素对主要的适用性性能（指标）产生的影响程度（效果）；在选定符合要求的考核条件或环境后，确定影响因素作业条件；按照标准方法或试验设计的方法进行跟踪考核；考核前根据考核内容设计好的跟踪考核记录表。

（3）样机投入实际生产后跟踪考核就可开始。在适宜的条件下，检测样机实际作业条件下的作业效果；跟踪考核时间依样机的具体作业项目而定，一般作业项目不少于 3 个班次，或 12h，其中必须连续作业 2h 以上；对于作业状况复杂的条件，跟踪考核时间不少于 10 个班次。

（4）在机具使用一段时间（一个专业季节）后，跟踪考核人员可以通过与被跟踪考核机手（或种植户）的交流，获取用户在作业过程中，主要的适用性影响因素对适用性性能影响大小（严重程度）的感觉或评价。交流可采用实地了解、电话、网络视频了解等方式。

4 单台样机适用性跟踪测评方法

4.1 单台样机适用性跟踪测评表（模型）

（1）根据附件 2 的方法建立"单台样机适用性跟踪测评表（模型）"，见表 2。

（2）根据表 2 中单节点确定的跟踪考核方法 M 对样机进行适用性跟踪考核；考核结束，进行数据处理，出具考核报告；根据所获取的数据与各性能指标分级值对比的方法，确定各单节点适用性评价分值（Ψ_{ji}）。

（3）数据的处理

①定量数据的评价。假设规定的性能合格指标为 β_0，则单台样机各相关单节点的适用性评价方法，见表 1。

表 1 各性能指标分级单节点适用性评价方法

性能试验测试结果	性能评价结果	评价分值 Ψ（分）
$\beta < \beta_0 (1 - a4\%)$	适用	5
$\beta_0 (1 - a4\%) \leq \beta < \beta_0 (1 - a3\%)$	较适用	4
$\beta_0 (1 - a3\%) \leq \beta < \beta_0 (1 + a1\%)$	基本适用	3
$\beta_0 (1 + a1\%) \leq \beta < \beta_0 (1 + a2\%)$	不太适用	2
$\beta \geq \beta_0 (1 + a2\%)$	不适用	1

注：表中，a1、a2、a3、a4 为指标偏离值

②定性数据的评价。定性评价的内容主要有使用情况、使用效果、感性认识及其他相关情况等；这类数据一般由定性答案组成，分为五级，如"好、较好、一般、较差、差"等，对应的评价分值

分别赋值为："5 分、4 分、3 分、2 分、1 分"。

4.2　各要素的含义

4.2.1　考核条件

在选定跟踪考核区域后，在这个区域内，有些条件是唯一的或确定的，如土壤条件、植被类型、地形地貌、地块形状大小及其他作业的前提条件。这些条件也符合跟踪考核区域规划的要求。

4.2.2　适用性影响因素及作业条件

适用性影响因素：对适用性性能（指标）影响显著的因素。

作业条件：指所研究的适用性影响因素的变化范围，如果范围为多选的，选定一种适合当地农艺条件进行评价。

4.2.3　适用性性能（指标）

在一定考核条件下适用性影响因素所影响的适用性性能（指标）。适用性性能（指标）主要是来源于国家、行业标准、推广鉴定大纲和调查收集的资料等。由于其特殊性，可能与常规的性能相同，也有可能不同，需要通过一定的方法和程序来确定。常用的方法是德尔菲法。

根据"主次指标排队分类法"，将适用性性能（指标）集，根据其重要性进行 A、B、C 分类，即权重，A 最重要，B 次之，C 轻微；在推广大纲中没有的指标，通过专家评定，将其归入 A、B、C 分类中。

适用性性能（指标）的权重系数用 ξ_{ji} 表示，A、B、C 的权重系数分别为 ξ_A、ξ_B、ξ_C 表示。ξ_{ji} 用德尔菲法进行评定。

示例 1

单台水稻插秧机各性能指标分级与评价方法

| 伤秧率
（%） | 通过性
（分） | 漂秧率
（%） | 翻倒率
（%） | 插秧深度合格率 | | 作业小时 | 分级 | |
				田间 平整度 （%）	水层 深度 （分）	生产率 评分 （分）	评价 结论	评价 分值 （分）
$\beta \leqslant 2.5$	5	$\beta \leqslant 1.5$	$\beta \leqslant 1.5$	5	$\beta \geqslant 94$	5	适用	5
$2.5 < \beta \leqslant 3.5$	4	$1.5 < \beta \leqslant 2.5$	$1.5 < \beta \leqslant 2.5$	4	$94 > \beta \geqslant 92$	4	较适用	4
$3.5 < \beta \leqslant 4.0$	3	$2.5 < \beta \leqslant 3.0$	$2.5 < \beta \leqslant 3.0$	3	$92 > \beta \geqslant 90$	3	基本适用	3
$4.0 < \beta \leqslant 6$	2	$3.0 < \beta \leqslant 5$	$3.0 < \beta \leqslant 5$	2	$90 > \beta \geqslant 86$	2	不太适用	2
$\beta > 6$	1	$\beta > 5$	$\beta > 5$	1	$\beta < 86$	1	不适用	1
备注		1、对于定量指标，通过划分指标范围的方法，进行指标分级评价 2、对于定性结论，通过赋值 1～5 分的方法，进行定量分级						

表 2　单台样机适用性跟踪测评（模型）

适用性影响因素条件及其条件		适用性跟踪测评（模型）								
		适用性性能（指标）（X）								
		A			B			C		
影响因素（Y）	作业条件（T）	XA1	XA2	…	XB1	XB2	…	XC1	XC2	…
Y1	T1	／	$\{Z_{K1A2},\ M_{1A2},\ \Psi_{1A2}\}$	…	／	／	…	$\{Z_{K1C1},\ M_{1C1},\ \Psi_{1C1}\}$	／	…
Y2	T2	$\{Z_{K2A1},\ M_{2A1},\ \Psi_{2A1}\}$	／	…	／	／	…	／	$\{Z_{K2C2},\ M_{2C2},\ \Psi_{2C2}\}$	…
Y3	T3	／	／	…	$\{Z_{K3B1},\ M_{3B1},\ \Psi_{3B1}\}$	$\{Z_{K3B2},\ M_{3B2},\ \Psi_{3B2}\}$	…	／	／	…
…	…	…	…	…	…	…	…	…	…	…
考核条件	YS1				□YZ11	□YZ12	□YZ13			
	YS2				□YZ21	□YZ22	□YZ23	…		
	…									
备注										

示例 2

单台水稻插秧机适用性跟踪测评模型

适用性影响因素及其条件		适用性性能（指标）（X）					
影响因素（Y）	作业条件（T）	A [$\xi_A=60\%$]		B [$\xi_B=40\%$]			
		伤秧率	通过性	漂秧率	翻倒率	插秧深度	作业小时生产率
田间平整度	田面高低差不大于3cm	／	／	／	／	$\{Z_5,$ WD, $\Psi_{田插}\}$	／
泥脚深度	□ ≤10cm ☑ >10～20cm □ >20～30cm □ >30	／	$\{Z_5,$ WD, $\Psi_{泥通}\}$	／	／	／	$\{Z_2,$ WD, $\Psi_{泥件}\}$
水层深度	1～3cm	／	／	$\{Z_5,$ JC, $\Psi_{水漂}\}$	／	$\{Z_4,$ JC, $\Psi_{水插}\}$	／
秧苗高度	□ ≤10cm ☑ >10～20cm □ >25 cm	$\{Z_3,$ JC, $\Psi_{秧伤}\}$	／	／	$\{Z_1,$ JC, $\Psi_{秧翻}\}$	／	／

（续表）

适用性影响因素及其条件			适用性性能（指标）(X)					作业小时生产率
			A [$\xi_A = 60\%$]			B [$\xi_B = 40\%$]		
影响因素 (Y)	作业条件 (T)		伤秧率	通过性	漂秧率	翻倒率	插秧深度	
	地形地貌		☑平原，高原	□山地，丘陵	□盆地	□其他		
	机耕道		☑土路	□沙石	□水泥	□柏油路	□其他：	
	土壤类型		□沙土	□沙壤土	☑壤土	□粉壤土	□黏壤土　□黏土	
	前茬作物		□小麦	☑玉米	□油菜	□杂草	□其他：	
	前茬作物处理方式		□整体秸秆还田	☑部分秸秆还田	□留茬	□焚烧	其他：	
考核条件	耕整方式		☑旋耕	□犁耕	☑耙	□其他		
	泡田沉淀时间		□1天	□1.5天	☑2天以上	□其他：		
	田块形状			☑规则	□不规则			
	田块大小		□小于1亩	□1~3亩	☑大于3亩			
	行距			30cm				
	秧苗状态	水稻品种		□杂交稻　☑常规稻				
		育秧方式		□硬盘　☑软盘　□双膜　□其他				
		秧龄（叶片数）		19天（2.8片）				

（续表）

适用性影响因素及其条件			适用性性能（指标）（X）					
			A [ξ_A =60%]		B [ξ_B =40%]			
			伤秧率	通过性	漂秧率	翻倒率	插秧深度	作业小时生产率
影响因素（Y）	作业条件（T）	秧苗空格率		☑常规粳稻：成苗 1.5~3 株/cm²　□杂交稻：1~1.5 株/cm²				
		秧苗状态 — 秧苗密度			0			
	考核条件	床土绝对含水率		41.5%				
		盘根带土厚度		2.0~2.5cm				
备注			通过德尔菲法评定，ξ_A =70%、ξ_B =30%					

4.2.4　单节点参数集

每个单节点都包含以下 3 种信息。

一是某适用性影响因素对某相关适用性性能（指标）的影响程度，即单节点影响程度；

二是跟踪考核模式集 M；

三是单节点适用性评价分值 $\varPsi_{ji}$。

4.2.4.1　单节点影响程度。 每个单节点可以反映一个适用性影响因素对一个适用性性能（指标）的影响，其影响程度用"单节点影响程度"来表示，整个评价模型包含了一个单节点影响程度集 $\{Z_{kji} \mid k = 5，4，3，2，1\}$，其中，$Z_5 = 5$，表示影响程度很大；$Z_4 = 4$，表示影响程度较大；$Z_3 = 3$，表示影响程度一般；$Z_2 = 2$，表示影响程度较小；$Z_1 = 1$，表示影响程度小。

4.2.4.2　跟踪考核模式集 M。 跟踪考核模式主要包含以下两种考核模式。

考核模式 1——采用跟随样机考核时获取的数据【简称 "JC"】；

考核模式 2——对所跟踪样机机手（种植户）采用实地了解、电话、网络视频了解等方式获取数据【简称 "WD"】。

跟踪考核模式集用 M｛JC，WD｝表达。

4.2.4.3　单节点适用性评价分值 $\varPsi_{ji}$。 单节点适用性性能用单节点适用性评价分值 $\varPsi_{ji}$ 表示，评价分值为五级（适用、较适用、基本适用、不太适用、不适用），对应的单节点适用性评价分值分别赋值为（分）：5、4、3、2、1。

示例3：

某水稻插秧机各单节点适用性评价分值 Ψ_{ji} 计算

项次	适用性影响因素（Y）	适用性性能（X）	单位	合格指标	检验结果	单节点适用性评价	单节点适用性评价分值 Ψ_{ji}，（分）
1	秧苗高度 >10~25cm	伤秧率	/	≤4%	1%	适用	5
2	泥脚深度 >10~20 cm	通过性	分	3（最高5，最低1）	4	较适用	4
3	水层深度 1~3cm	漂秧率	/	≤3%	2%	较适用	4
4	秧苗高度 >10~25cm	翻倒率	/	≤3%	1%	适用	5
5	田间平整度 高低差不大于3cm	插秧深度	分	3（最高5，最低1）	2	较不适用	2
6	水层深度 1~3cm		/	≥90%	96%	适用	5
7	泥脚深度 >10~20 cm	作业小时生产率	分	3（最高5，最低1）	4	较适用	4

5　区域（多样机）综合适用性评价方法

根据跟踪测评方法，产品在适用性考核区域内需要选择多台样机进行适用性跟踪考核。本文所研究的区域跟踪测评方法，是指在考核区域内多台考核样机的综合适用性评价方法。

5.1　区域（多样机）综合适用性评价表

各节点区域适用性加权分值代表了各节点在产品考核区域内适用性评价中的相对权重，是评价区域适用性的基础。本文通过建立"区域（多样机）综合适用性评价表"，得到单影响因素适用指数和区域综合适用指数（表 3）。

表中，各综合加权节点参数的集合为 $\left\{ \overline{\psi_{ji}} , E_{0ji} , E_{ji} \right\}$，其中：

$\overline{\psi_{ji}}$——区域（多样机）单节点适用性评价均分值；

E_{0ji}——区域（多样机）单节点理想性适用性加权分值；

E_{ji}——区域（多样机）单节点性适用性加权分值；

$\sum E_{Yj}$——区域（多样机）单影响因素性适用性加权分值；

$\sum E_{0Yj}$——区域内单影响因素理想适用性加权分值；

$\sum E_{ji}$——区域（多样机）各节点的适用性加权分值之和；

$\sum E_{0ji}$——区域（多样机）各节点的理想适用性加权分值之和；

I_{Yj}——区域单影响因素适用指数；

I_Q——区域综合适用指数。

5.2　区域（多样机）单节点适用性加权分值计算汇总

在完成区域内各台样机跟踪考核后，将各台考核样机对应各单节点的适用性评价分值平均汇总，再通过 E_{ji} 和 E_{0ji}，计算出区域（多样机）单节点适用性加权分值和理想分值。具体计算，见表 4。

表3　区域（多样机）综合适用性评价表

适用性影响因素		适用性性能指标（X）											
影响因素（Y）	作业条件（T）	A			B			C			$\sum E_{0Yj}$	$\sum E_{Yj}$	I_{Yj}
		XA1	XA2	...	XB1	XB2	...	XC1	XC2	...			
Y1	T1	/	$\{\bar{\psi}_{1A2},\ E_{01A2},\ E_{1A2}\}$	...	/	/	...	$\{\bar{\psi}_{1C1},\ E_{01C1},\ E_{1C1}\}$	/	...	$\sum E_{0Y1}$	$\sum E_{Y1}$	I_{Y1}
Y2	T2	$\{\bar{\psi}_{2A1},\ E_{02A1},\ E_{2A1}\}$	/	...	/	/	...	/	$\{\bar{\psi}_{2C2},\ E_{02C2},\ E_{2C2}\}$	...	$\sum E_{0Y2}$	$\sum E_{Y2}$	I_{Y2}
Y3	T3	/	/	...	$\{\bar{\psi}_{3B1},\ E_{03B1},\ E_{3B1}\}$	$\{\bar{\psi}_{3B2},\ E_{03B2},\ E_{3B2}\}$	...	/	/	...	$\sum E_{0Y3}$	$\sum E_{Y3}$	I_{Y3}
...	...	...	...	...	...	...	...	...	...	...	...	...	...

（续表）

适用性影响因素		适用性性能指标(X)											
影响因素 (Y)	作业条件 (T)	A			B			C			$\sum E_{0Yi}$	$\sum E_{Yj}$	I_{Yj}
		$XA1$	$XA2$	…	$XB1$	$XB2$	…	$XC1$	$XC2$	…			
$\sum E_{0Yi}$											$\sum E_{0Yj}$	/	/
$\sum E_{ji}$											/	$\sum E_{ji}$	/
I_Q											/	/	I_Q
试验 条件	$YZ1$	□$YZ11$　□$YZ12$　□$YZ13$　…											
	$YZ2$	□$YZ21$　□$YZ22$　□$YZ23$　…											
	…	…											
备注	1. 区域内单影响因素适用性加权分值：$\sum E_{Yj} = E_{Y1} + E_{Y2} + \cdots + E_{Ym}$ 2. 区域内单影响因素理想性适用性加权分值：$\sum E_{0Yj} = E_{0Y1} + E_{0Y2} + \cdots + E_{0Ym}$ 3. 区域内单影响因素适用性指数：$I_{Yj} = \sum E_{ji} / \sum E_{0Yj}$ 4. 区域内综合适用性指数：$I_Q = \sum E_{ji} \sum E_{0Yj}$												

示例4：

插秧机样机区域综合适用性评价表

影响因素 (Y)	适用性性能（指标）(X)						$\sum E_{ij}$（分）	$\sum E_{0ij}$（分）	区域单机适用因素影响指数 I_{ij}（%）
	伤秧率	通过性	漂秧率	翻倒率	插秧深度	作业小时生产率			
田间平整度 高低差不大于3cm					$\{\bar{\psi}_{田插}=2,\ E=4,\ E_0=10\}$		4	10	40
泥脚深度 >10~20 cm		$\{\bar{\psi}_{泥通}=4,\ E=12,\ E_0=15\}$				$\{\bar{\psi}_{泥作}=4,\ E=3.2,\ E_0=4\}$	15.2	19	80
水层深度 1~3cm			$\{\bar{\psi}_{水漂}=4,\ E=8,\ E_0=10\}$		$\{\bar{\psi}_{水插}=5,\ E=8,\ E_0=8\}$		16	18	89

（续表）

影响因素 (Y)	适用性性能（指标）(X)						$\sum E_{Yj}$（分）	$\sum E_{0Yj}$（分）	区域单影响因素适用指数 I_{Yj}（%）
	伤秧率	通过性	漂秧率	翻倒率	插秧深度	作业小时生产率			
秧苗高度 >10~25cm	$\{\bar{\psi}_{秧伤}=5,\ E=9,\ E_0=9\}$			$\{\bar{\psi}_{秧翻}=5,\ E=2,\ E_0=2\}$			11	11	100
$\sum E_{ji}$							46.2	/	/
$\sum E_{0ji}$							/	58	/
区域综合适用指数 I_Q							/	/	79.7

备注

1. 单影响因素适用加权分值：$\sum E_{Yj} = E_{Y1} + E_{Y2} + \cdots + E_{Ym}$
2. 单影响因素理想适用性加权分值：$\sum E_{0Yj} = E_{0Y1} + E_{0Y2} + \cdots + E_{0Ym}$
3. 区域单影响因素适用指数：$I_{Yj} = \sum E_{Yj} / \sum E_{0Yj}$
4. 区域综合适用指数：$I_Q = \sum E_{ji} / \sum E_{0ji}$

表 4 区域（多样机）单节点适用性加权分值计算汇总

项次	适用性影响因素 (Y)	适用性性能 (X)	单节点适用性评价分值 ψ_{ji}（分）			区域内单节点性能评价均分 $\bar{\psi}_{ji}$（分）	区域内单节点适用性加权分值			
			1#	2#	...		ξ_{ji}	Z_{kji}	E_{ji}	E_{0ji}
1	$Y1$	$X1$	$\psi_{111\#}$	$\psi_{112\#}$	...	$\bar{\psi}_{11}$	ξ_{11}	Z_{k11}	E_{11}	E_{011}
		$X2$	$\psi_{121\#}$	$\psi_{122\#}$	...	$\bar{\psi}_{12}$	ξ_{12}	Z_{k12}	E_{12}	E_{012}
		...	...	...	...	...	...	...	...	...
2	$Y2$	$X1$	$\psi_{211\#}$	$\psi_{212\#}$	...	$\bar{\psi}_{21}$	ξ_{21}	Z_{k21}	E_{21}	E_{021}
		$X2$	$\psi_{221\#}$	$\psi_{222\#}$	...	$\bar{\psi}_{22}$	ξ_{22}	Z_{k22}	E_{22}	E_{022}
		...	...	...	...	...	...	...	...	...
3	$Y3$	$X1$	$\psi_{311\#}$	$\psi_{312\#}$	...	$\bar{\psi}_{31}$	ξ_{31}	Z_{k31}	E_{31}	E_{031}
		$X2$	$\psi_{321\#}$	$\psi_{322\#}$	...	$\bar{\psi}_{32}$	ξ_{32}	Z_{k32}	E_{32}	E_{032}
		...	...	...	...	...	...	...	...	...
...	...									

备注

1. 通过德尔菲法评定，$\xi_A = A\%$、$\xi_B = B\%$、$\xi_C = C\%$；
2. $Z_5 = 5$、$Z_4 = 4$、$Z_3 = 3$、$Z_2 = 2$、$Z_1 = 1$；
3. $\bar{\psi}_{ji} = (\psi_{j1} + \psi_{j2} + \cdots + \psi_{jn})/n$；
4. $E_{ji} = \bar{\psi}_{ji} \times \xi_{ji} \times Z_{kji}$；
5. $E_{0ji} = 5 \times \xi_{ji} \times Z_{kji}$。

示例5：

某考核区域2台水稻插秧机单节点适用性加权分值计算汇总

项次	适用性影响因素（Y）	适用性性能（X）	单节点适用性评价分 ψ_{ji}（分）		区域单点适用性评价均分值 $\overline{\psi}_{ji}$（分）	区域单点适用性加权分值（分）			
			1#	2#		ξ_{ji}	Z_{kji}	E_{ji}	E_{0ji}
1	秧苗高度 >10~25cm	伤秧率	5	5	5	ξ_A	Z_3	9	9
		翻倒率	5	5	5	ξ_B	Z_1	2	2
2	泥脚深度 >10~20cm	通过性	4	4	4	ξ_A	Z_5	12	15
		作业小时生产率	4	4	4	ξ_B	Z_2	3.2	4
3	水层深度 1~3cm	漂秧率	4	4	4	ξ_B	Z_5	8	10
		插秧深度	5	5	5	ξ_B	Z_4	8	8
4	田间平整度高低差不大于3cm	插秧深度	2	2	2	ξ_B	Z_5	4	10
备注									

备注：
1. 通过德尔菲法评定，$\xi_A = 60\%$，$\xi_B = 40\%$；
2. $Z_5 = 5$，$Z_4 = 4$，$Z_3 = 3$，$Z_2 = 2$，$Z_1 = 1$；
3. $\overline{\psi}_{ji} = (\psi_{ji1\#} + \psi_{ji2\#}) /2$；
4. $E_{ji} = \overline{\psi}_{ji} \times \xi_{ji} \times Z_{kji}$；
5. $E_{0ji} = 5 \times \xi_{ji} \times Z_{kji}$。

5.2.1　区域（多样机）单节点适用性评价均分值（$\overline{\psi_{ji}}$）计算

在同一考核区域内，各台考核样机的适用性考核是相互独立的，其适用性考核结论具有同等权，因此，在进行区域内多台样机适用性评价分值处理时，以各台考核样机单节点适用性评价分值的算术平均值，作为"区域（多样机）单节点适用性评价均分值（$\overline{\psi_{ji}}$）"，计算公式如下：

$$\overline{\psi_{ji}} = (\Psi_{j1} + \Psi_{j2} + \cdots + \Psi_{jn})/n \tag{1}$$

式中：

Ψ_{jn}——第 n 台考核样机的单节点适用性评价分值。

5.2.2　区域（多样机）单节点适用性加权分值（E_{ji}）计算

由于各节点相关的适用性性能（指标）的权重和适用性影响因素程度权重不一样，所以，各节点适用性评价均分值的权重也就不一样；各节点相关的适用性性能（指标）的权重和适用性影响因素程度权重越大，各单节点适用性评价均分值的权重也就越大，反之则小。

在研究对各节点适用性权重时，引入"区域（多样机）单节点适用性加权分值"参数，它综合考虑考核区域内各单节点适用性评价（区域各节点适用性评价均分值）与各节点适用性性能（指标）的权重和适用性影响因素程度权重的关系，对区域各节点适用性评价均分值进行加权处理（权积处理），计算公式如下：

$$E_{ji} = \overline{\psi_{ji}} \times \xi_{ji} \times Z_{kji} \tag{2}$$

式中：

ξ_{ji}——各节点适用性性能（指标）权重系数，A、B、C 的权

重系数分别为 ξ_A、ξ_B、ξ_C；

Z_{kji}——各单节点影响程度，$Z_5 = 5$、$Z_4 = 4$、$Z_3 = 3$、$Z_2 = 2$、$Z_1 = 1$。

5.2.3　区域（多样机）单节点理想适用性加权分值（E_{0ji}）计算

在公式（2）中，当 $\overline{\psi_{ji}} = 5$，称此时的区域内单节点适用性加权分值为"区域内单节点理想适用性加权分值"，用 E_{0ji} 表示：

$$E_{0ji} = 5 \times \xi_{ji} \times Z_{kji} \tag{3}$$

5.2.4　区域（多样机）单影响因素适用性加权分值（$\sum EYj$）

将第 j 个适用性影响因素所影响的各相关单节点的适用性加权分值累加，获得第 j 个适用性影响因素对应的节点适用性加权分值，简称区域（多样机）单影响因素适用性加权分值，用 $\sum E_{Yj}$ 表示，计算公式如下：

$$\sum E_{Yj} = E_{j1} + E_{j2} + E_{j3} + \cdots + E_{ji} \tag{4}$$

式中：

E_{ji}——区域（多样机）单节点适用性加权分值；

i——受第 j 个适用性影响因素影响的单节点数量，$i = 1，2，3 \cdots，n$。

5.2.5　区域（多样机）单影响因素理想适用性加权分值（$\sum E_{0Yj}$）

将第 j 个适用性影响因素所影响的各相关单节点的理想适用性加权分值累加，获得第 j 个适用性影响因素的节点理想适用性加权分值，简称区域（多样机）单影响因素理想适用性加权分值，用 $\sum E_{0Yj}$ 表示，计算公式如下：

$$\sum E_{0Yj} = E_{0j1} + E_{0j2} + E_{0j3} + \cdots + E_{0ji} \tag{5}$$

5.3　适用指数（I）

5.3.1　定义

产品的适用性性能（指标）对适用性影响因素的适用程度，用适用指数（I）来描述。适用指数等于实际适用性加权分值与理想适用性加权分值之比。

$$I = \sum E / \sum E_0 \tag{6}$$

式中：

E——单节点实际适用性加权分值；

$\sum E$——相关单节点实际适用性加权分值之和；

E_0——单节点理想适用性加权分值；

$\sum E_0$——相关单节点理想适用性加权分值之和。

5.3.2　区域单影响因素适用指数（I_{Yj}）

各适用性性能（指标）对第 j 个适用性影响因素的适用程度，称为区域单影响因素适用指数，用 I_{Yj} 表示。

$$I_{Yj} = \sum E_{Yj} / \sum E_{0Yj} \tag{7}$$

5.3.3　区域综合适用指数（IQ）

考核区域内产品的综合适用指数定义为：

$$I_Q = \sum E_{ji} / \sum E_{0ji} \tag{8}$$

式中：

$\sum E_{ji}$ ——各节点的适用性加权分值之和；

$\sum E_{0ji}$ ——各节点的理想适用性加权分值之和。

6　适用性评价结论

6.1　适用性评价结果与适用指数的对应关系

根据以上方法计算出了适用指数，我们的最终目的是要对适用性下结论。为了实现定量数据定性化，经过研究，确定了表5所示对应关系。

表5　适用性评价结果与适用指数的对应关系

适用指数 I	I < 60	60 ≤ I ≤ 80	80 < I ≤ 100
评价结果	不适用	基本适用	适用

6.2　区域单影响因素适用性评价结论

各适用性性能（指标）对第 j 个适用性影响因素的适用性，根据公式（7）计算出区域内单影响因素适用指数 I_{Yj}，查表5，得到区域单影响因素适用性的结论。

示例6：

在某考核区域内某水稻插秧机的单影响因素适用性评价结论

	单影响因素	区域单影响因素适用指数 I_{Yj}（％）	适用性评价结论
1	田间平整度高低差不大于3cm	40	不适用
2	泥脚深度 > 10 ~ 20 cm	80	基本适用

（续表）

	单影响因素	区域单影响因素适用 指数 I_{Yj}（%）	适用性 评价结论
3	水层深度 1~3cm	89	适用
4	秧苗高度 >10~25cm	100	适用

6.3 区域综合适用性评价结论

各适用性性能（指标）对所有适用性影响因素的适用性，根据公式（8）计算出区域综合适用指数 I_Q，查表5，得到区域内综合适用性的结论。

示例7：

水稻插秧机区域内综合适用性评价结论

影响因素	区域综合适用指数 I_Q（%）	适用性评价结论
综合影响因素	79.7	基本适用

附录1

德尔菲法

（资料性附录）

1 定义

德尔菲法也称专家调查法，是一种采用通讯方式分别将所需解决的问题单独发送到各个专家手中，征询意见，然后回收汇总全部专家的意见，并整理出综合意见。随后将该综合意见和预测问题再分别反馈给专家，再次征询意见，各专家依据综合意见修改自己原有的意见，然后再汇总。这样多次反复，逐步取得比较一致的预测结果的决策方法。

德尔菲法依据系统的程序，采用匿名发表意见的方式，即专家之间不得互相讨论，不发生横向联系，只能与调查人员发生关系，通过多轮次调查专家对问卷所提问题的看法，经过反复征询、归纳、修改，最后汇总成专家基本一致的看法，作为预测的结果。

2 特征

（1）资源利用的充分性。由于吸收不同的专家与预测，充分利用了专家的经验和学识。

（2）最终结论的可靠性。由于采用匿名或背靠背的方式，能使每一位专家独立地做出自己的判断，不会受到其他繁杂因素的影响。

（3）最终结论的统一性。预测过程必须经过几轮的反馈，使专家的意见逐渐趋同。

正是由于德尔菲法具有以上这些特点，使它在诸多判断预测或决策手段中脱颖而出。这种方法的优点主要是简便易行，具有一定科学性和实用性，可以避免会议讨论时产生的害怕权威随声附和，或固执己见，或因顾虑情面不愿与他人意见冲突等弊病；同时，也可以使大家发表的意见较快收敛，参加者也易接受结论，具有一定程度综合意见的客观性。

3 德尔菲法的具体实施步骤

（1）组成专家小组。按照课题所需要的知识范围，确定专家。专家人数的多少，可根据预测课题的大小和涉及面的宽窄而定，一般不超过20人。

（2）向所有专家提出所要预测的问题及有关要求，并附上有关这个问题的所有背景材料，同时，请专家提出还需要什么材料。然后，由专家做书面答复。

（3）各个专家根据他们所收到的材料，提出自己的预测意见，并说明自己是怎样利用这些材料并提出预测值的。

（4）将各位专家第一次判断意见汇总，列成图表，进行对比，再分发给各位专家，让专家比较自己同他人的不同意见，修改自己的意见和判断。也可以把各位专家的意见加以整理，或请身份更高的其他专家加以评论，然后把这些意见再分送给各位专家，以便他们参考后修改自己的意见。

（5）将所有专家的修改意见收集起来，汇总，再次分发给各位专家，以便做第二次修改。逐轮收集意见并为专家反馈信息是德尔菲法的主要环节。收集意见和信息反馈一般要经过三四轮。在向专家进行反馈的时候，只给出各种意见，但并不说明发表各种意见的专家的具体姓名。这一过程重复进行，直到每一个专家不再改变自己的意见为止。

（6）对专家的意见进行综合处理。

附录 2

单台样机适用性跟踪测评表（模型）
建立方法

1 单台样机适用性跟踪测评表（模型）概念

在研究"农业机械适用性跟踪测评评价技术"时，首先要从选定区域内的某一台考核样机开始研究，研究该样机的某一个适用性性能（指标）（Xi）对某一个适用性影响因素（Yj）【此一一对应的 $Xi - Yj$ 关系称之为"单节点"】的适用性，同时，研究确定适用性性能（指标）、适用性影响因素的权重大小和方法。在此设想用一个表格形式，建立一个"单台样机跟踪测评表（模型）"，用来描述适用性性能（指标）对适用性影响因素的适用性的诸要素及其相互关系，它主要包含适用性区域、适用性影响因素及作业条件、考核条件、适用性性能（指标）及其权重 $\{A，B，C\}$、单节点影响程度集 $\{Z_{kji} \mid k = 1，2，3，4，5\}$、单节点适用性评价分值 Ψ_{ji}、跟踪考核模式集 M 等要素。

2 单样机适用性跟踪测评表（模型）各要素的含义

2.1 考核条件

在选定跟踪考核区域内，有些条件是唯一的或确定的，如土壤条件、植被类型、地形地貌、地块形状大小及其他作业的前提条件。这些条件也符合跟踪考核区域规划的要求。

2.2 适用性影响因素及作业条件

适用性影响因素：对适用性性能（指标）有影响显著的因素；

作业条件：在跟踪考核区域内实际作业时的适用性影响因素。通常这些作业条件是划分范围的，选定现场条件符合的条件进行评价。

2.3 适用性性能（指标）、权重分类与权重系数

在一定考核条件下适用性影响因素所影响的适用性性能（指标）。适用性性能（指标）主要是来源于国家、行业标准、推广鉴定大纲和调查收集的资料等。由于其特殊性，可能与常规的性能相同，也有可能不同，需要通过一定的方法和程序来确定。常用的方法是德尔菲法。

根据"主次指标排队分类法"，将适用性性能（指标）集，根据其重要性进行 A、B、C 分类，即权重；A 最重要，B 次之，C 轻微；在推广大纲中没有的指标，通过德尔菲法评定，将其归入 A、B、C 类权重中。

适用性性能（指标）的权重系数用 ξ_{ji} 表示，A、B、C 的权重系数分别为 ξ_A、ξ_B、ξ_C 表示。ξ_A、ξ_B、ξ_C 用德尔菲法进行评定。

2.4 单节点

产品的地区适用性包含了一个或多个适用性性能（指标）受一个或多个适用性影响因素的影响，某个适用性影响因素与某个适用性性能（指标）相对应的关系，在本文研究的评价模型中称之为"单节点"。

每个单节点都包含以下 3 种信息：

（1）某适用性影响因素对某相关适用性性能（指标）的影响程度，即单节点影响程度；

（2）跟踪考核模式集 M；

（3）单节点适用性评价分值 Ψ_{ji}。

2.5 单节点影响程度

每个单节点隐含了一个适用性影响因素对一个适用性性能（指

标）的影响，其影响程度用"单节点影响程度"来表示，整个评价模型包含了一个单节点影响程度集 $\{Z_{kji} \mid k = 1, 2, 3, 4, 5\}$，其中，$Z_5 = 5$，表示影响程度很大；$Z_4 = 4$，表示影响程度较大；$Z_3 = 3$，表示影响程度一般；$Z_2 = 2$，表示影响程度较小；$Z_1 = 1$，表示影响程度小。

2.6 跟踪考核模式 M

跟踪考核模式主要包含以下两种考核模式：

考核模式 1——采用跟随样机考核时获取的数据【简称"JC"】；

考核模式 2——对所跟踪样机机手（种植户）采用实地了解、电话、网络视频了解等方式获取数据【简称"WD"】。

跟踪考核模式用 M {JC，WD} 表达。

2.7 单节点适用性评价分值 Ψ_{ji}

单节点适用性评价分为五级，即适用、较适用、基本适用、不太适用、不适用。

对应的单节点适用性评价分值分别为：5 分、4 分、3 分、2 分、1 分。

3 确定适用性影响因素集 $\{Y_j \mid j = 1, 2, 3, \cdots, m\}$

适用性影响因素分为 6 个准则性因素：即气象条件、农艺要求、作业对象、田间作业条件、机具配套条件、其他。

3.1 气象条件

（1）气温（℃）/湿度（%）：高温、常温、低温/高湿、正常、干旱。

（2）风向、风速（m/s）。

（3）大气压力（kPa）。

3.2 农艺要求

（1）茶叶机械：篷面宽度、高度；植株高度、单位面积株数等。

（2）插秧机：株距、行距、垄间距、穴秧苗株数、秧苗大小、整地情况、田块浸水时间、田面水深等。

（3）铺膜机：垄宽、垄高等。

（4）地膜覆盖机：膜边覆土质量、垄高、覆土腰带质量、地膜宽度等。

（5）马铃薯收获机械：挖掘深度等。

（6）其他：亩株数、平作、垄作等。

3.3 作业对象

（1）种子类型、种子净度、种子含水率。

（2）肥料类型、形状和颗粒尺寸、施放深度。

（3）作物种类、品种、高度、产量、直径、成熟度；倒伏程度、作物含水率、草谷比、穗幅度差。

（4）铺膜机：地膜宽度、厚度；地膜使用年限。

（5）秸秆类型、秸秆直径、秸秆含水率、果穗大小、最低接穗（结荚）高度、留茬高度、根茬深度。

（6）其他：使用农药、虫害状况。

3.4 田间作业条件

（1）地形地貌（水平因素：山地、丘陵、平原）。

（2）地块形状、面积及坡度、田块大小。

（3）水旱田：水田、旱田。

（4）植被类型、植被覆盖率（量）、密度、高度及含水率。

（5）土壤条件：类型（黏土、壤土、沙壤土等）、坚实度、绝对含水率。

3.5 机具配套条件

（1）PTO 型式、转速、速度。
（2）牵引力。
（3）整机质量。
（4）悬挂装置型式、提升力。
（5）轮距。
（6）使用安全性。

3.6 其他

污染程度：粉尘、气体排放、电磁污染、化学污染、噪声等。

研究人员根据收集资料及调研结果，从气象条件、农艺要求、作业对象、田间作业条件、机具配套条件、其他中挑选出对产品性能有显著影响的适用性影响因素 Y（提出适宜的作业条件 T），其他作为考核条件，分别填入附表 1。

采用德尔菲法（也称专家调查法）对适用性影响因素进行评定，确定最终的适用性影响因素。

4 确定适用性性能（指标）权重

用德尔菲法对 A、B、C 的权重系数进行评定，评定表采用附录表 2 - 4；一轮评定结束，将性能 A、B、C 权重系数评定结果汇总到附表 2 - 4 中。

5 确定单节点影响程度集（$Z_{kji}/k = 1, 2, 3, 4, 5$）

5.1 确定单节点影响程度 Z_{kji}

在附录表 2 - 1 中初步确定适用性影响因素（$Y1, Y2……$）、作业条件（$T1, T2……$）与适用性性能（$XA1……, XB1……,$

$XC1$，…，）后，采用德尔菲法确定单节点影响程度，方法是：

评议专家如果认为某适用性影响因素对某适用性性能有影响，根据自己对其适用性影响严重程度的判断，在相对应的节点 $Xi - Yj$ 上填上 Z_5、Z_4、Z_3、Z_2 或 Z_1；如认为 Xi 与 Yj 不相关（没什么影响）则不填。

在附表 2 - 1 中，没有考虑到的适用性影响因素和适用性性能，专家可以增加 Xi 与 Yj 的内容，并在相应的栏目中填上 Z_k。

通过专家对附表 2 - 1 中"单节点影响程度"的评定，将专家评定结果汇总到附表 2 - 2。附表 2 - 3 是单节点影响程度评定的最终结果示例。

5.2　确定适用性性能（指标）A、B、C 类权重系数

根据表 2 - 4 方法评定和汇总适用性性能（指标）A、B、C 类权重系数 ξ。

6　确定跟踪考核模式

跟踪考核模式主要包含以下两种考核模式：

考核模式 1——采用跟随样机作业时检测【简称检测（JC）】；

考核模式 2——对所跟踪用户面对面、电话、视频等询问【简称问答（WD）】；

跟踪考核模式用 M｛JC，WD｝表达。

通过验证和专家评定后，确定每个关联单节点采用的跟踪考核模式，并在附表 2 - 3 中关联单节点中标注，形成附表 2 - 5。

7　单样机适用性跟踪测评表（模型）的形成

如果能对单台样机的各单节点的适用性进行评价，并得到单节点适用性评价结果 Ψ_{ji}，将 Ψ_{ji} 加入到附表 2 - 5 中，形成了"单台样机适用性跟踪测评表（模型）"，见附表 2 - 6。

专家：　　　　　　　　　　　　　　　　　　　　　　　　　　　　　　　　　　　　　　评定次数：

附表 2 - 1　适用性影响因素、适用性性能（指标）权重及单节点影响程度专家评定

适用性影响因素及其条件		适用性性能（指标）（X）										
		A			B			C			
影响因素（Y）	作业条件（T）	XA1	XA2	…	XB1	XB2	…	XC1	XC2	…	…
Y1											
Y2											
Y3											
…											
	T1										
	T2										
	T3										
	…										
考核条件	YS1	□YZ11	□YZ12	□YZ13	…						
	YS2	□YZ21	□YZ22	□YZ23	…						
	…										
备注		1. 研究者初定需评议的适用性影响因素、作业条件、考核条件和适用性性能； 2. 此表评议专家每人一张； 3. 评议专家在相对应的节点中填上 Z_5、Z_4、Z_3、Z_2或 Z_1										

附表 2－2 适用性影响因素适用性性能（指标）权重及单节点影响程度专家评定汇总

适用性影响因素及其条件		适用性性能（指标）(X)								
影响因素(Y)	作业条件(T)	A			B			C		
		XA1	XA2	...	XB1	XB2	...	XC1	XC2	...
Y1	T1	$Z_5: \eta_{IA1}5$ $Z_4: \eta_{IA1}4$ $Z_3: \eta_{IA1}3$ $Z_2: \eta_{IA1}2$ $Z_1: \eta_{IA1}1$	...	...	...	...	...	...	...	...
	T2	...	...	...	...	...	...	...	...	...
	T3	...	...	...	...	...	...	...	...	...
	...	...	...	...	...	...	...	...	...	...
Y2		...	...	...	...	...	...	...	...	...
Y3		...	...	...	...	...	...	...	...	...
...		...	...	...	...	...	...	...	...	...
考核条件	YS1	□YZ11	□YZ12	□YZ13	...					
	YS2	□YZ21	□YZ22	□YZ23	...					
	...	...								

（续表）

适用性影响因素及其条件		适用性性能（指标）（X）								
影响因素（Y）	作业条件（T）	A			B			C		
		XA1	XA2	…	XB1	XB2	…	XC1	XC2	…
备注	1. $\eta_{ji}5$、$\eta_{ji}4$、$\eta_{ji}3$、$\eta_{ji}2$、$\eta_{ji}1$ 分别为专家对单节点影响程度 Z_5、Z_4、Z_3、Z_2、Z_1 评定的百分比 $\eta_{ji}5 = Z_5$ 数量 ×100/专家总数 $\eta_{ji}4 = Z_4$ 数量 ×100/专家总数 $\eta_{ji}3 = Z_3$ 数量 ×100/专家总数 $\eta_{ji}2 = Z_2$ 数量 ×100/专家总数 $\eta_{ji}1 = Z_1$ 数量 ×100/专家总数 2. $\eta_{ji}5$、$\eta_{ji}4$、$\eta_{ji}3$、$\eta_{ji}2$ 或 $\eta_{ji}1 \geq 60\%$，认为 Z_5、Z_4、Z_3、Z_2 或 Z_1 成立，通过并保留，在附表 2 相应位置上填上 Z_5、Z_4、Z_3、Z_2 或 Z_1，不再进行下一轮评议；没有通过的，附表 2 中保留本轮 $\eta_{ji}5$、$\eta_{ji}4$、$\eta_{ji}3$、$\eta_{ji}2$、$\eta_{ji}1$ 评定结果，返还给专家作下一轮对附表 2 进行评定做参考 3. 评议次数最多为 5 次									

附表 2－3　单节点影响程度汇总

适用性影响因素及其条件		适用性性能（指标）（X）									
影响因素（Y）	作业条件（T）	A			B			C			
		XA1	XA2	...	XB1	XB2	...	XC1	XC2	...
Y1	T1	/	$\{Z_5\}$	...	/	/	...	$\{Z_4\}$	/	...
Y2	T2	$\{Z_3\}$	/	...	/	/	...	/	$\{Z_1\}$	...
Y3	T3	/	/	...	$\{Z_2\}$	$\{Z_5\}$	...	/	/	...
...	...	...	...	...	...	...	...	...	...	...

附表 2－4　适用性性能（指标）A、B、C 类权重系数 ξ 评定、汇总

权重分类	上一轮平均值	专家（ZJ）评定权重系数										平均值
		ZJ1	ZJ2	ZJ3	ZJ4	ZJ5	ZJ6	ZJ7	ZJ8	ZJ9	…	
A 类 ξ_A												
B 类 ξ_B												
C 类 ξ_C												
备注	1. ξ_A、ξ_B、ξ_C 分别代表性能 A、B、C 分类的权重系数，以百分数表示，$\xi_A + \xi_B + \xi_C = 100\%$ 2. ZJ1、ZJ2、ZJ3…… 评定专家代号 3. 各专家（ZJ）评定的权重系数平均数平均得"平均值" 4. "上一轮平均值"是上一轮专家评定的"平均值"，供本轮专家评定时参考 5. 此表为汇总表，也可作为每个专家单独评定表；作单独评定表时，各专家在对应的位置填上评价意见即可 6. 评议次数最多为 5 次											

附表 2 – 5　单节点跟踪考核模式确定

适用性影响因素及其条件		适用性性能（指标）（X）								
		A			B			C		
影响因素（Y）	作业条件（T）	$XA1$	$XA2$	…	$XB1$	$XB2$	…	$XC1$	$XC2$	…
$Y1$	$T1$	/	$\{Z_5, JC\}$	…	/	/	…	$\{Z_4, JC\}$	/	…
$Y2$	$T2$	$\{Z_3, JC\}$	/	…	/	/	…	/	$\{Z_1, JC\}$	…
$Y3$	$T3$	/	/	…	$\{Z_2, JC\}$	$\{Z_5, WD\}$	…	/	/	…
…	…	…	…	…	…	…	…	…	…	…

附表 2-6　单台样机适用性跟踪测评（模型）

适用性影响因素及其条件		适用性能（指标）(X)									
		A			B			C			...
影响因素(Y)	作业条件(T)	XA1	XA2	...	XB1	XB2	...	XC1	XC2	...	
Y1	T1	/	$\{Z_5,\ JC,\ \Psi_{1A2}\}$	...	/	/	...	$\{Z_4,\ JC,\ \Psi_{1C1}\}$	/	...	...
Y2	T2	$\{Z_3,\ JC,\ \Psi_{2A1}\}$	/	...	/	/	...	/	$\{Z_1,\ JC,\ \Psi_{2C2}\}$	...	...
Y3	T3	/	/	...	$\{Z_2,\ JC,\ \Psi_{3B1}\}$	$\{Z_5,\ WD,\ \Psi_{3B2}\}$	...	/	/	...	...
...	...	...	...	...	...	...	...	...	...	...	...
考核条件	YS1	☐YZ11	☐YZ12	☐YZ13	...						
	YS2	☐YZ21	☐YZ22	☐YZ23	...						
	...	...									
备注											

适用性评价技术中性能试验评价方法理论模型

内蒙古自治区农牧业机械试验鉴定站

1 范围

本通则规定了农业机械适用性试验评价法的评价指标、评价方法、试验方法、适用度的计算方法和评价规则。

本通则适用于农业机械的适用性试验评价法。

2 术语和定义

下列术语和定义适用于本通则。

2.1 影响因素

对试验结果可能会产生影响的原因，是试验过程中的一些自变量，或条件变量，是输入参数。

2.2 水平

影响因素在试验中所选取的具体数值（或状态）。

2.3　评价指标

评价指标是评价所研究内容的数量与质量的衡量标准。

2.4　评价指标体系

评价指标体系是由若干个指标构成的，每个指标均描述系统某一方面的属性。

2.5　德尔斐法

德尔斐法是专家会议法的一种发展，是一种向专家进行调查研究的专家集体判断。

2.6　正交试验设计

正交试验设计是研究多因素多水平的一种设计方法，它是根据正交性从全面试验中挑选出部分有代表性的点进行试验，这些有代表性的点具备了"均匀分散，齐整可比"的特点。正交试验设计是分式析因设计的主要方法，是一种高效率、快速、经济的试验设计方法。

2.7　均匀试验设计

均匀试验设计是一种试验设计方法，称为均匀设计或均匀设计试验法，或空间填充设计。它是只考虑试验点在试验范围内均匀散布的一种试验设计方法。

2.8 多指标综合评价

多指标综合评价是指人们根据不同的评价目的，选择相应的评价形式，据此选择多个因素或指标，并通过一定的评价方法，将多个评价因素或指标转化为能反映评价对象总体特征的信息。

2.9 层次分析法（AHP）

层次分析法（Analytic Hierarchy Process 简称 AHP）是指将一个复杂的多目标决策问题作为一个系统，将目标分解为多个目标或准则，进而分解为多指标（或准则、约束）的若干层次，通过定性指标模糊量化方法算出层次单排序（权数）和总排序，以作为目标（多指标）、多方案优化决策的系统方法。

2.10 功效系数法

功效系数法又叫功效函数法，它是根据多目标规划原理，对每一项评价指标确定一个满意值和不允许值，以满意值为上限，以不允许值为下限．计算各指标实现满意值的程度，并以此确定各指标的分数，再经过加权平均进行综合，从而评价被研究对象的综合状况。

2.11 权重

权重是一个相对的概念，是针对某一指标而言。某一指标的权重是指该指标在整体评价中的相对重要程度。权重表示在评价过程中，是被评价对象的不同侧面的重要程度的定量分配，对各评价因子在总体评价中的作用进行区别对待。事实上，没有重点的评价就不算是客观的评价。

2.12 权重系数

权重系数是指在一个领域中，对目标值起权衡作用的数值。权重系数是表示某一指标项在指标项系统中的重要程度，它表示在其他指标项不变的情况下，这一指标项的变化，对结果的影响。权重系数的大小与目标的重要程度有关。

2.13 权数

在数学上，为了显示若干量数在总量中所具有的重要程度，分别给予不同的比例系数，这就是加权。加权的指派系数就是权数，又称权重、权值。权数分为两种，即自重权数与加重权数。

3 评价方法

3.1 确定适用性影响因素和水平

3.1.1 适用性影响因素的确定

影响因素的确定采用德尔斐法，以匿名方式通过几轮函询征求专家们的意见，组织调查小组对每一轮的意见都进行汇总整理，作为参照资料再发给每一个专家，供他们分析判断，提出新的意见。如此反复，专家的意见渐趋一致，最后作出最终结论，见下图所示。

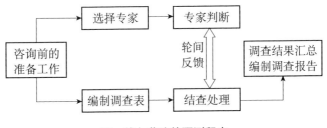

图 德尔菲法的预测程序

用德尔斐法确定影响因素的具体步骤为：

3.1.1.1 拟定调查表。每种产品可供选择的影响因素的个数不超过 10 个，建议最多只能选 5 个。

3.1.1.2 选定专家。一般应选择从事的专业工作与调查内容有关，多年从事该专业，精通业务，熟悉行情，具有一定预见性和分析能力的专家。

选择专家时应注意：①要注意选择与调查内容相关的专家；②要选择与调查内容相关的边缘领域的专家；③要考虑专家的工作态度与工作兴趣；④选择专家还要考虑提高回函率。

选择专家的一般程序是：先内部后外部，先少数后多数。首先应考虑从部门内部选择专家，然后，在内部专家的协助下，了解选择外部专家。还可以从学术期刊、档案信息、历史资料等载体上选择专家。

选定专家组的规模。专家组的人数一般以 10~20 人为宜。预选的专家人数应比期望的人数适当多些。

3.1.1.3 征询专家意见。向所有专家邮寄第一次调查表及有关要求，并附上有关问题的所有背景材料，同时，请专家提出是否需要补充资料。然后，由专家做书面答复。各个专家根据他们所收到的材料，提出自己的意见，并说明怎样依据这些材料作出答复。

3.1.1.4 修改调查意见。将各位专家第一次判断意见汇总，列成图表，进行对比，发出第二次调查表，同时，把汇总的情况一同寄给各位专家，让专家比较自己同他人的不同意见，修改自己的意见和判断。也可以把各位专家的意见加以整理，或请身份更高的其他专家加以评论，然后把这些意见再分送给各位专家，以便他们参考后修改自己的意见。将所有专家的修改意见收集起来，汇总，再次寄给各位专家，以便做第二次修改。收集意见和信息反馈一般要经过三四轮。在向专家进行反馈的时候，只给出各种意见，但并不说明发表各种意见的专家的具体姓名。这一过程重复进行，直到每一个专家不再改变自己的意见为止。

3.1.1.5 确定决策结果。征询、修改以及汇总反复进行三四轮，专家的意见就逐步集中和收敛，对专家的意见进行综合处理，从而确定专家们趋于一致的调查结果。

3.1.2 水平的确定

水平可以是定量的，如含水率在 10% ~ 30% ；也可以是定性的，如适用物料是谷草、稻草等，水平的确定采用德尔斐法，其步骤同 3.1.1。每个影响因素对应的可供选择的水平的个数不超过 5 个，一般选 3 个。

3.2 确定适用性评价指标

3.2.1 评价指标体系的构成

农业机械适用性影响因素很多，且由多层级多目标构成，是一种内在关系比较复杂的层级网络系统。用单一指标不可能全面反映农业机械的适用性，因此，有必要设置多个指标，来全面、综合地反映农业机械的适用性。各项指标组成一个有机的整体，构成农业机械适用性评价指标体系。

3.2.2 适用性评价指标体系的设计原则

设计制定一套科学、合理、系统的评价指标体系是评价结果准确、有效的基础和前提。在实际的综合评价中，如何选择评价指标是一个很重要的问题，应该慎重考虑，并非是评价指标越多越好，但也不是越少越好，关键在于评价指标在评价中所起的作用大小。另外，评价农业机械适用性的指标体系是多层次的系统，结构复杂，只有从多个角度和层面来设计指标体系，才能准确反映农业机械的适用性，而且影响农业机械适用性的因素较多，对其进行分析时一定要重点关注对适用性影响较大的因素，而不纠缠于细枝末节，因此，设计评价指标体系应该遵循以下原则。

3.2.2.1 科学性原则。评估指标体系是理论与实际结合的产物，它必须是对客观实际的抽象描述。如何在抽象、概括中抓住最重要、最本质、最有代表性的东西，是设计指标体系的关键和难点。对客观实际抽象描述越清楚、越简练、越符合实际，其科学性也就越强。另外，评价的内容也要有科学的规定性，各个指标的概念要科学、确切，要有精确的内涵和外延。

3.2.2.2 主导性原则。农业机械适用性评价指标体系中影响因素多，相互关联，应该仔细的分析，抓住问题的主要方面，从中选取影响适用性比重较大的一些因素及其评价指标，列入评价指标体系。

3.2.2.3 独立性原则。指标体系中各指标之间要有一定的独立性。当指标间存在明显的相关性时，应采取权重大的指标为主的原则。

3.2.2.4 可操作性原则。建立指标体系应考虑到现实的可实现性，农业机械评价活动是实践性很强的工作，指标的选取一定要与现实作业状况相符，不要过分超越现实，而造成评价无法实现。一个可操作性强的指标体系是确保评价活动有效进行的重要基础。

3.2.3 适用性评价指标的确定

根据影响因素，采用德尔斐法确定受影响的性能指标，其步骤同 3.1.1。每种机具可供选择的性能指标的个数不超过 10 个，最多只能选 5 个。

3.3　适用性评价指标权重确定及量化的方法

3.3.1　权重分析

采用德尔斐法与层次分析法相结合确定指标的权数。具体操作步骤：先采用德尔斐法取得各位专家对各指标的估价权数，再用层次分析法对专家的估价权数进行汇总及检验取得指标的权数。

3.3.1.1　德尔斐法。步骤同 3.1.1。事先设计好一些问卷问题，将 3.2.2.1 确定的受影响的性能指标列出来，以最重要、重要、次重要的等级让调查专家打钩，再将调查的结果进行统计计算，以计算出来的排序指数 Wi 的大小来确定权重系数的大小。在对专家进行问卷调查时，为避免专家判断赋值的自相矛盾，保持前后判断的一致性，便于综合，在设计问卷时，可规定每个指标的权重系数取值范围为 [0, 1]，各层次的权重系数之和应等于1。

3.3.1.2　层次分析法汇总确定指标权数。评价指标权重的确定方法通常有熵值法、层次分析（AHP）法、专家估测法和频数统计法等。层次分析法可有效比较指标间的重要度关系。

（1）对指标进行两两比较，构造判断矩阵。使用 1~9 的比例标度衡量其关系，全部指标成对比较后方可形成判断矩阵，而通过问卷调查得到的专家估价权数的取值范围为 [0, 1]，不符合 1~9 的比例标度法，因此，需要对各专家确定的估价权数乘以9进行转换，设评价指标体系包括 n 个指标，参评专家有 s 人，根据标度转换后每个专家对 n 个指标的估价权数构造判断矩阵：

$$A_k - \begin{bmatrix} a_{11}^k & a_{12}^k & \cdots & a_{1n}^k \\ a_{21}^k & a_{22}^k & \cdots & a_{2n}^k \\ \vdots & \vdots & \vdots & \vdots \\ a_{n1}^k & a_{n2}^k & \cdots & a_{nn}^k \end{bmatrix} \quad k = 1, 2, \cdots, s。$$

（2）计算各指标的权数。用简单实用的方根法计算各指标权数的具体步骤如下：

第 1 步：计算判断矩阵 A_k 的每一行元素的积 M_i^k，公式为 $M_i^k = \prod_{j=1}^{n} a_{ij}^k \, (i = 1, 2, \cdots, n)$。

第 2 步：求各行 M_i^k 的 n 次方根 $\omega_i^{k'} = \sqrt[n]{M_i^k}$。

第 3 步：对 $\omega_i^{k'}$ 作归一化处理，即得各指标的权数 $\omega_i^k = \dfrac{\omega_i^{k'}}{\sum\limits_{j=1}^{n} \omega_i^{k'}}$。

（3）对判断矩阵进行一致性检验。层次分析法确定指标的权数时，为使专家对各指标的相对重要程度的判断协调一致，需要检验判断矩阵的一致性。

第 1 步：计算判断矩阵 A_k 的最大特征根 $\lambda_{\max}^k = \dfrac{1}{n} \sum_{i=1}^{n} \dfrac{(A_k W^k)_i}{\omega_i^k}$，

其中，$W^k = (\omega_1^k, \omega_2^k, \cdots, \omega_n^k)'$ 为权数向量；

$(A_k W^k)_i$ 为向量 $A_k W^k$ 的第 i 个元素。

第 2 步：计算衡量判断矩阵 A_k 偏离一致性的指标 $CI = \dfrac{\lambda_{\max}^k - n}{n - 1}$。

第 3 步：计算检验一致性的随机一致性比率 $CR = \dfrac{CI}{RI}$，RI 为随机一致性标准值，见表1。当 $CR < 0.1$ 时，一般认为判断矩阵 A_k 具有满意的一致性，否则需要调整判断值，直至通过一致性检验为止。

表 1 随机一致性检验

n	1	2	3	4	5	6	7	8	9	10	11	12	…
RI	0	0	0.58	0.90	1.12	1.24	1.32	1.41	1.45	1.49	1.52	1.54	

（4）综合各位专家的指标权数，计算同一层次上各指标的综合权数 $\omega_i = \dfrac{1}{s} \sum\limits_{k=1}^{s} \omega_i^k$ $(i = 1, 2, \cdots, n)$。

3.3.2 对定性指标进行量化和无量纲化处理

对定性指标进行量化和无量纲化处理（可以量化为百分数）。

在农业机械适用性评价指标体系中，各指标所代表的物理含义不同，具有不同的计量单位，因此，存在着量纲上的差异，即各评价指标具有不同的量纲和量纲单位。这种异量纲性是影响对事物整体评价的主要因素。为了消除量纲与量纲单位的影响，在构建综合指数时，应将不同单位表示的指标进行转换，即无量纲化处理，以解决不同计量单位的指标之间的综合问题。无量纲化的指标转换，是对数据的标准化，也称作数据的标准化、规格化，它是通过数学变换来消除原始指标量纲影响，将不同量纲描述的实际指标值转化成无量纲的评价值的一种方法。这个评价值是一个相对数，它表明被评价对象的相对地位。

3.3.2.1 无量纲化方法的选择原则。无量纲化方法较多，究竟选择哪一种或几种进行评价指标的无量纲化，一般遵循下述原则进行选择。

（1）客观性原则。无量纲化所选择的转化公式要能够客观反映指标实际值与事物评价目的之间的对应关系。根据综合评判对象的实际情况来确定所用公式，需要对被评价对象的数据做出深入的分析，才能找出事物发展变化的阈值点，确定评价公式和具体参数。

（2）简易性原则。多指标综合评价中的无量纲化处理方法，应尽量简便易行、便于推广。如直线型关系虽然较之曲线关系简单，但由于这种无量纲化本身就是对评价对象的一种近似的相对描述，而非绝对的刻画，因此，这种简单有时并不影响整体评价结果。同时，曲线型公式的精确性有一定的前提条件。所以，在满足需要的前提下，应尽量选择简单的处理方法。

（3）可行性原则。这一原则主要表现为评价方案本身对无量纲化方法的限制作用。

3.3.2.2 指标的无量纲化处理常用方法。

3.3.2.2.1 定量指标的量化：一般说来，定量影响指标可以分为"极大值"因子、"极小型"因子、"居中型"因子等。在影响因素分析中，"极大型"因子是指因子的取值越大，不适用程度越高；"极小型"因子是指因子的取值越小，不适用程度越高；"居中型"因子是指因子太大或者太小，不适用程度越高。一般评价体系中会同时包含上述若干类型，那么建立系统评价是必须将这些因子作类型一致化处理。对于定量因子，由于因子的单位及量度不同而加大评价统一性困难程度。因此，需要利用一定的量化方法，消除因子之间由于单位及量度产生的不可比性，将实际测值转化为 0~1 的因子评价值，即无量纲化处理，使因子间具有可比性。因子之间无量纲化是通过数学变换来消除指标量纲影响的方法，是多指标评价中必不可少的一个步骤。从本质上讲，指标的无量纲化过程也是求隶属度的过程。由于指标隶属度的无量纲化方法多种多样，因此，有必要根据各个指标本身的性质确定其隶属度函数的公式。为简单起见，可以选择直线型无量纲化方法解决指标的可综合性问题。

（1）极大值因子无量纲化函数。

$$y = \begin{cases} 0 & X \geq X_{max} \\ \dfrac{X_{max} - X}{X_{max} - X_{min}} & X_{min} < X < X_{max} \\ 1 & X \leq X_{min} \end{cases}$$

（2）极小值因子无量纲化函数。

$$y = \begin{cases} 0 & X \leq X_{min} \\ \dfrac{X - X_{min}}{X_{max} - X_{min}} & X_{min} < X < X_{max} \\ 1 & X \geq X_{max} \end{cases}$$

式中：

y——指标的评价值；

X——指标的实际值;

X_{max}——指标的最大值;

X_{min}——指标的最小值。

(3) 居中型因子无量纲化函数。

$$y = e^{-k\left(x - \frac{X_{min} + X_{max}}{2}\right)^2}$$

式中:

y——指标的评价值;

X——指标的实际值;

X_{max}——指标的最大值;

X_{min}——指标的最大值。

3.3.2.2.2 定性指标的量化:大凡定性变量往往是模糊的,具有亦此亦彼性。由于一些概念外延的模糊性,很难用精确的数学值或数学式来表达。为了分析和处理这种模糊现象,突破精确数学的框架,创立发展了一门新的学科即模糊数学,这里可以利用模糊数学对定性因子进行模糊量化和模糊评价。专家评分法法也是一种定性描述定量化的方法,所以,定性指标的量化可以采用德尔斐法:步骤同 3.1.1。

3.3.3 适用性评价方法

按照权数产生方法的不同,多指标综合评价方法可分为主观赋权评价法和客观赋权评价法两大类。其中,主观赋权评价法采取定性的方法,由专家根据经验进行主观判断而得到权数,然后再对指标进行综合评价。如层次分析法、综合评分法、模糊评价法、指数加权法和功效系数法等。客观赋权评价法则根据指标之间的相关关系或各项指标的变异系数来确定权数进行综合评价。如熵值法、神经网络分析法、TOPSIS 法、灰色关联分析法、主成分分析法、变异系数法、聚类分析法、判别分析法等。

两种赋权方法特点不同,其中,主观赋权评价法依据专家经验衡量各指标的相对重要性。有一定的主观随意性,受人为因素的干扰较大，在评价指标较多时难以得到准确的评价。客观赋权评价法综合考虑各指标间的相互关系，根据各指标所提供的初始信息量来确定权数，能够达到评价结果的精确。但是，当指标较多时，计算量非常大。由于大多数评价方法其约束条件太多。在实际应用中，经常需要在许多假定的基础上或在进行一系列的变通处理后才能应用相关评价方法。此外，还可以将两种或两种以上的评价方法加以改造并结合，如层次分析法与模糊综合评价方法的组合。

每种评价方法都有各自不同的特点，同时，也存在不同的优缺点。综合各种不同方法的特点，并结合农业机械适用性的实际情况，选用合适的评价法。

3.3.3.1 模糊综合评判法。模糊综合评判法的基本原理：它首先确定被评判对象的因素（指标）集 $U = (x_1, x_2, \cdots, x_m)$ 和评价集 $V = (v_1, v_2, \cdots, v_m)$。其中，$x_i$ 为各单项指标，v_i 为对 x_i 的评价等级层次，一般可分为 5 个等级：$V = \{0.9, 0.7, 0.5, 0.3, 0.1\}$。再分别确定各个因素的权重及它们的隶属度向量，获得模糊评判矩阵。最后把模糊评判矩阵与因素的权重集进行模糊运算并进行归一化，得到模糊评价综合结果。

3.3.3.2 层次模糊评价法。层次模糊评价方法主要步骤：

（1）建立系统层次结构（设有 n 层）。

（2）对各层次的指标建立两两判断矩阵，计算指标互相重要程度的平均值矩阵，设定最底层（即第 n 层）的指标，计算其指标互相重要程度的平均值矩阵为 $A = (a_{ij})_{n \times n}$

（3）计算第 n 层指标的权重。

（4）建立第 n 层指标的模糊关系评价矩阵 R。

（5）对第 n 层指标采用模糊评价模型进行评价，然后对评价结果再进行二次评判。

（6）把第 n 层指标的评价结果作为所隶属的第 $n-1$ 层指标的模糊关系评价矩阵，根据第 $n-1$ 层指标的权重对第 $n-1$ 层指标进行评价。

（7）重复步骤③至步骤⑥，直到获得最顶层评价结果 S。

（8）采用等差打分的方法对评价结果进行打分，设 $F = (f_1, f_2, \cdots, f_n)$ ，其中，f_j $(j = 1, 2, \cdots, m)$ 表示第 j 级的评语的分数。$f_j = (m + 1 - j) \times 100/ m$，$j = 1, 2, \cdots, m$。

（9）计算最终评价结果的百分制分数 B。$B = S \times F$。

4　试验方案的设计

正交设计和均匀设计是目前最流行的两种试验设计的方法，它们各有所长，相互补充，给使用者提供了更多的选择。由于正交试验设计的试验数至少为水平数的平方，所以，它用于水平数不高的试验，而均匀设计适合于多因素多水平试验。而混合设计只是适用于因素和水平非常少甚至是单因素试验。

4.1　正交试验设计

试验方案设计过程：

（1）明确试验目的，确定试验指标。若考察的指标有多个则一般需要对指标进行综合分析，可通过3.2.3确定指标。

（2）选择试验因素。根据专业知识和实际经验进行试验因素的选择，一般选择对试验指标影响较大的因素进行试验，可通过3.1.1确定试验因素。

（3）确定因素水平。根据试验条件和以往的实践经验，首先确定各因素的取值范围，然后在此范围内设置适当的水平，可通过3.1.2确定因素水平。

（4）选择正交表，排布因素水平，制定因素水平表。根据因素数、水平数来选择合适的正交设计表进行因素水平数据排布。

（5）明确试验方案，进行试验操作。

4.2 均匀设计

均匀设计试验方案的设计过程：

（1）明确试验目的，确定试验指标。若考察的指标有多个则一般需要对指标进行综合分析。可通过 3.2.3 确定指标。

（2）选择试验因素。根据专业知识和实际经验进行试验因素的选择，一般选择对试验指标影响较大的因素进行试验，可通过 3.1.1 确定试验因素。

（3）确定因素水平。根据试验条件和以往的实践经验，首先确定各因素的取值范围，然后在此范围内设置适当的水平，可通过 3.1.2 确定因素水平。

（4）选择均匀设计表，排布因素水平。根据因素数、水平数来选择合适的均匀设计表进行因素水平数据排布。

（5）明确试验方案，进行试验操作。

4.3 混合设计

混合设计试验方案的设计过程：

（1）明确试验目的，确定试验指标。若考察的指标有多个则一般需要对指标进行综合分析。可通过 3.2.3 确定指标。

（2）选择试验因素。根据专业知识和实际经验进行试验因素的选择，一般选择对试验指标影响较大的因素进行试验，可通过 3.1.1 确定试验因素。

（3）确定因素水平。根据试验条件和以往的实践经验，首先确定各因素的取值范围，然后在此范围内设置适当的水平，可通过 3.1.2 确定因素水平。

（4）将确定的因素和水平进行组合试验，按照组合好的试验分布进行试验。

5　适用度的计算方法

根据 3.3.2.2 计算出 y 值，

$$D = \frac{\sum\limits_{i=1}^{n} B_i}{n}$$

式中：

B——各次试验后的评价值；

D——适用度的综合分值；

n——试验次数。

6　评价规则

6.1　抽样方法

适用性评价试验样机，应为企业新出厂的产品，在企业近一年内生产的自检合格中随机抽取，抽样数量为 2 台同型号产品，抽样基数一般不少于 16 台，如果经评价方确认不是企业有意准备（或者在销售领域抽样）的情况下，抽样基数可不作限定。

6.2　评价标准

根据产品（或单项）的适用度，按照表 2 对其适用性作出评价。

如果样机在某个工况点性能试验或跟踪考察时，连续 3 次发生堵塞，经调整无法正常工作时，评价样机的该单项适用度为 0。

表 2　适用性评价标准

产品适用度	产品评价
≤30%	不适用
>30%～55%	适用性较差
>50%～70%	适用性一般
>70%～90%	适用性较好
>90%	适用性良好

6.3　评价结论

经过对××（企业）生产的××牌××型××机产品，在××区域内进行了适用性考核，其适用度为××%，该产品在这些区域内综合评价适用性××。

农业机械适用性用户调查评价理论模型研究

甘肃省农业机械鉴定站

1 研究背景

近年来随着我国规模化农业生产水平的提升和产业结构调整，农业生产活动对农业机械产品的需求及依赖性不断增加。与此同时，我国农业机械产品的研发、生产和销售在国家农机具购置补贴等相关产业政策的推动下取得长足的发展，新型农业机械不断涌现，农业机械化程度显著增加。《中华人民共和国农业机械化促进法》规定，列入国家和省级人民政府支持推广的先进适用的农业机械目录的产品，应当由农业机械生产者自愿提出申请，并通过农业机械试验鉴定机构进行先进性、适用性、安全性和可靠性鉴定；2004年中共中央一号文件也要求对农机评价方法进行深入的研究。但是，大部分列入农业机械产品支持推广目录的产品，由于没有科学完整的适用性评价方法，造成产品适用性评价不充分，导致不少农户购置的农业机械因不能满足使用条件，给农户造成经济损失，甚至严重影响农业生产。所以，对农业机械适用性进行评价研究，具有重要的理论意义和现实意义。

2 研究现状

农业机械的适用性是指其满足使用条件的能力，使用条件包括主机配套条件、田间作业条件、气象条件、农艺条件和物料条件等；也可以说是作业性能相对特定使用条件的协调融合的程度。我国幅员辽阔，土壤及生态环境类型多样，作物种类、种植结构繁杂，因此，农机具适用性的评价是农业机械化工作中一个非常重要而又十分复杂的基础性问题，同时，又是现代农业机械质量评价的不可或缺的重要组成部分。

然而，多年来由于重视程度不够及现实条件的制约，忽略了对农业机械适用性评价方法的深入系统研究，致使目前我国尚无科学规范和统一完整的农业机械适用性评价方法，从而深刻影响了农业机械适用性评价工作的全面深入开展。目前，我国正在探索研究的农业机械适用性评价方法归纳起来有 4 种：一是用户调查法，是向农业机械的使用者直接了解机具的使用情况，听取农民的评价，判断机具在实际使用过程中的适用性。二是性能试验法，是指在一定的作业条件下，对机具进行作业性能试验，由此来定量判定机具在该条件下适用与否。三是跟踪考核法，跟踪考核是将样机投入到实际工作中，或者选择用户已经购买的农业机械作为样机，在用户正常作业情况下，对农业机械实际作业进行跟踪考核，评价机具的适用性。四是综合评定法，即上面 3 种方法的综合。

用户调查法是利用调查表、问卷和座谈的方式听取农业机械用户对农机产品适用性的感知，模糊评价农业机械在实际使用过程中的适用性。这种评价方式的优点是评价信息来自最直接使用者，能直接反映机具在各种使用条件下的实际使用效果，工作量相对较小，费用较低。但由于农业机械个体的差异、用户对农业机械感知程度的差异以及被调查用户反映问题客观性等原因，对调查结果会产生影响。特别是存在农业机械调查用户容量和调查内容设置不合理、抽样方法和评价方法不科学等原因时，将导致评价结果不能准确地反映机具的适用性。总体来说，这种方法不失为一种简单可行的方法。但是目前对这种方法仍然没有进行过深入系统的研究，没有一套理论可以指导实践。所以，目前急需对农业机械适用性调查用户容量、调查内容设置、抽样方法、评价方法等内容进行深入系统的研究，建立通用的农业机械适用性用户调查评价理论模型，以期指导农业机械试验鉴定机构对各种农业机械适用性进行科学评价。

3 适用性用户调查评价理论模型的建立

3.1 适用性用户调查评价理论模型建立原理

农业机械适用性的影响因素很多，且由多层级多目标构成，是一种内在关系比较复杂的层级网络系统，难以建立起定量理论模型和方法进行评价，因此，收集用户对农业机械适用性的感知信息并对其数量化，进行模糊评价是解决农业机械适用性评价问题的简便方法。层次分析法（AHP法）是一种解决复杂问题的定性与定量相结合的决策分析方法，能有效地应用于难以用定量方法解决的课题。经对比研究，发现层次分析法（AHP法）原理能够有效解决农业机械适用性评价问题，所以，我们基于层次分析法（AHP法）建立适用性用户调查评价理论模型。

层次分析法（AHP）通过分析复杂系统所包含的因素及其相关关系，将决策问题所涉及的因素划分为不同层次，建立递阶层次结构模型。对同一层次的各个要素进行两两比较判断，根据测评目的选择考察重要性的尺度，建立判断矩阵。通过计算判断矩阵的最大特征值及其相应特征向量，得到各层次要素对上层次某对应要素的重要性次序，从而建立权重向量。权重确定之后，即可对决策问题给出评语等级，结合模糊综合评判法对低层次的因素按评语等级确定其隶属度，组成单因素评价矩阵，通过模糊算子得出一级综合评判。综合其评判结果，同样的方法可得出更高一层的综合评判模型，复杂问题则可分为多层次多级综合评判模型。

3.2 适用性用户调查评价理论模型建立步骤

3.2.1 建立递阶层次结构模型（AHP）

把决策问题所涉及的因素划分成层次，见图1。将决策的目标、考虑的因素（决策准则）按它们之间的相互关系分为最高层、第二层……第 n 层。

最高层：决策的目的、要解决的问题。

第二层：对最高层的影响因素。

……

第 n 层：对第 $n-1$ 层的影响因素。

对于相邻的两层，称高层为目标层，低层为因素层。

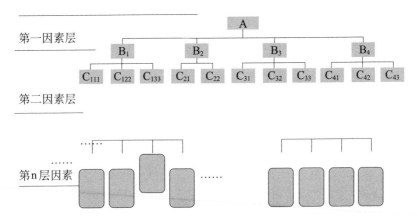

图1 递阶层次结构模型

　　根据层次分析法（AHP）原理，经对影响农业机械适用性的因素进行分析，其用户调查评价递阶层次结构模型共分 3 层：第一层为总目标层即农业机械适用性。第二层为相对于第一层的影响因素，相对于第三层的目标层，包括主机配套适用性、田间作业适用性、气象条件适用性、农艺条件适用性和物料条件适用性等 5 个因素。第三层为第二层的影响因素，影响主机配套适用性的有主机轮距、主机牵引力或牵引功率、主机自重、主机悬挂（牵引）装置和主机 PTO（动力输出轴）型式和转速共 5 个因素；影响主机田间作业条件适用性的有地表条件、土壤条件和作物特征 3 个因素；影响气象条件适用性的有风向风速、气温及地表温度 3 个因素；影响农艺条件适用性的因素因机具不同而不同，例如，对播种施肥联合作业机，包括行距、株距、播种深度和施肥深度 4 个因素；影响气物料条件适用性的因素亦因机具不同而不同，如对磨粉机械，就包括物料种类、几何尺寸和含水率等 3 个因素。综上，对农业机械的适用性评价建立，见图 2 所示的通用递阶层次结构模型。涉及具体机具类型时，可依具体情况对图 2 中的因素进行取舍。

3.2.2　多层次模糊综合评判模型建立

　　当评价涉及复杂的问题和系统时，需要考虑的因素往往很多，而且这些因素还可能分属不同的层次和类别，对这样的对象进行综合评判时，为了便于区别各因素在总体中的评价地位和作用，较全面地吸收所有因素提供的信息，可以先在较低的层次中分门别类地进行第一级综合评判，然后再综合其评判结果，进行高一层次的二级综合评判。对于特别复杂的问题和系统，还可以分成更多层次进行多级综合评判。

3.2.2.1　模糊综合评判模型建立步骤。

3.2.2.1.1　确立因素指标集 X（评价指标体系）：根据因素所属不同层次建立因素集 X，X 由 s 个互不相交的子集组成：$X = \{X_1, X_2, \cdots, X_s\}$。

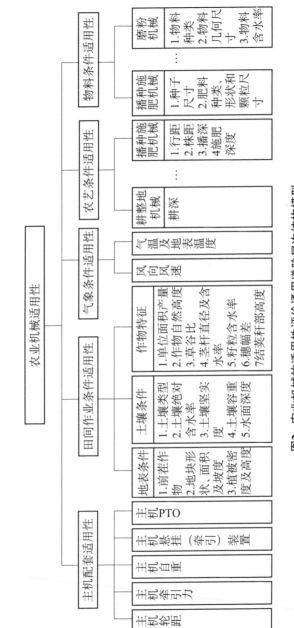

图2 农业机械的适用性评价通用递阶层次结构模型

3.2.2.1.2　确定评判评语集：根据评判对象，确定评语集 $Y = \{y_1, y_2, \cdots, y_n\}$。

3.2.2.1.3　对 k 级因素 Xk 进行单层次综合评判：根据 $X_k = \{x_{k1}, x_{k2}, \cdots, x_{km}\}$（$k = 1, 2, \cdots, s$）中各测评因素重要度不同按 3.3 要求确定出因素权重模糊向量 $\alpha_k = (\alpha_{k1}, \alpha_{k2}, \cdots, \alpha_{km})$，对各因素 x_{ki} 按照评语等级 $Y = \{y_1, y_2, y_3, y_4, y_5\}$ 评定出 x_{ki} 对 y_j 的隶属度：

$$r_{kij} = \frac{K_{ij}}{N}$$

式中：

r_{kij}（$i = 1, 2, \cdots, m; j = 1, 2, \cdots, n$）——$x_{ki}$ 对 y_j 的隶属度；

K_{ij}——k 级指标中第 i 个指标选择第 j 个评判等级的调查用户数；

N——调查用户总数。

由此组成单因素评价矩阵 R_k，据此，则可得出 $\alpha_k \otimes R_k = B_k = (b_{k1}, b_{k2}, \cdots, b_{kn})$，（$k = 1, 2, \cdots, s$）。其中，$B_k$ 为因素子集 X_k 的适用性用户调查综合评判结果。这是第一级综合评判。

3.2.2.1.4　二级综合评判模型：将 X 上的 s 个因素子集 $X_k = \{x_{k1}, x_{k2}, \cdots, x_{km}\}$（$k = 1, 2, \cdots, s$）看成是 X 上的 s 个单因素，按各 X_k 在 X 中重要度不同按 3.3 要求确定其权重分配，组成因素权重模糊向量 $\alpha = (\alpha_1, \alpha_2, \cdots, \alpha_s)$，把前面得到的各 X 的评价结果 $B_k = (b_{k1}, b_{k2}, \cdots, b_{kn})$，（$k = 1, 2, \cdots, s$）作为总的单因素评价矩阵，即：

那么可得

$$R = \begin{bmatrix} B_1 \\ B_2 \\ \cdots \\ B_S \end{bmatrix} = \begin{bmatrix} b_{11} & b_{12} & \cdots & b_{1n} \\ b_{21} & b_{22} & \cdots & b_{3n} \\ \cdots & \cdots & \cdots & \cdots \\ b_{s1} & a_{s2} & \cdots & a_{sn} \end{bmatrix}$$

$$B = \alpha \otimes R = \alpha \otimes \begin{bmatrix} B_1 \\ B_2 \\ \cdots \\ B_s \end{bmatrix} = \begin{bmatrix} b_1 & b_2 & \cdots & b_s \end{bmatrix}$$

式中：

α——权重向量；

$\otimes$——模糊算子；

R——总的单因素评价矩阵。

$B = (b_1, b_2 \cdots b_s)$ 就是最后的综合评判结果。

如果还可以划分为更多的层次，类似地可得到三级以至更多级的综合评判模型。

3.2.2.2　模糊算子的选择。

3.2.2.2.1　模糊综合评判法的 4 个主要模糊算子：

（1）M（$\wedge$，$\vee$）算子（$\wedge$ 表示取小，$\vee$ 表示取大）

$$B_k = \bigvee_{j=1}^{m} (a_j \wedge r_{jk}) = \max_{1 \leqslant j \leqslant m} \{\min(a_j, r_{jk})\}, k = 1, 2, \cdots, n$$

（2）M（$\cdot$，$\vee$）算子（$\cdot$ 表示相乘）

$$B_k = \bigvee_{j=1}^{m} (a_j \cdot r_{jk}) = \max_{1 \leqslant j \leqslant m} \{a_j \cdot r_{jk}\}, k = 1, 2, \cdots, n$$

（3）M（$\wedge$，$\oplus$）算子（$\oplus$ 表示相加）

$$B_k = \sum_{j=1}^{m} \min(a_j, r_{jk}), k = 1, 2, \cdots, n$$

（4）M（$\cdot$，$\oplus$）算子

$$B_k = \sum_{j=1}^{m} a_j r_{jk}, k = 1, 2, \cdots, n$$

3.2.2.2.2　4 个模糊算子在综合评价中的特点比较：模糊综合评判中，不同的模糊算子各有其侧重点，其特点比较，见表 1。综合比较各模糊算子的特点，我们选择能明显体现权数作用、能充分利用隶属度评价矩阵，且综合程度较强的 M（$\cdot$，$\oplus$）算子。

表 1　模糊算子的特点比较

特点	算子			
	$M(\wedge, \vee)$	$M(\cdot, \vee)$	$M(\wedge, \oplus)$	$M(\cdot, \oplus)$
体现权数作用	不明显	明显	不明显	明显
综合程度	弱	弱	强	强
利用 R 的信息	不充分	不充分	比较充分	充分
类型	主因素突出型	主因素突出型	加权平均型	加权平均型

3.2.3　适用指数计算

农业机械的适用性评价等级分为五级，{很适用，适用，一般适用，不适用，很不适用}，通过模型最终得到的综合评价向量结果记为：

$$B = (b_1, b_2, b_3, b_4, b_5)$$

采用加权平均法，对评价等级赋值，分别为 100，80，60，40，20，得出适用指数计算公式为：

$$SYD = \frac{100b_1 + 80b_2 + 60b_3 + 40b_4 + 20b_5}{\sum_{i=1}^{5} b_i}$$

适用指数（SYD）表示某农业机械的适用程度，综合评价向量结果中最大值对应的评价等级则可作为适用性结论给出。各层次因素的适用指数计算与此类似。适用指数与评价结果对应关系，见表 2。

表 2　适用指数与评价结果对应关系

适用指数	$SYD \leqslant 20$	$20 < SYD \leqslant 40$	$40 < SYD \leqslant 60$	$60 < SYD \leqslant 90$	$90 < SYD \leqslant 100$
评价结果	很不适用	不适用	一般适用	适用	很适用

3.3 权重的确定

3.3.1 单个专家构造判断矩阵并计算权重

在确定各层次各因素之间的权重时，如果只是定性的结果，则常常不容易被别人接受，因而采用判断矩阵法，即：

（1）不把所有因素放在一起比较，而是两两相互比较。

（2）采用相对尺度，以尽可能减少性质不同的诸因素相互比较的困难，提高准确度。

判断矩阵是表示本层针对上一层某一个因素的所有因素的相对重要性的比较。判断矩阵的元素 a_{ij} 用 1~9 标度方法给出。

一般成对比较的因素不宜超过 9 个，即每层不要超过 9 个因素。

判断矩阵元素 a_{ij} 的标度方法，见表 3。

表 3　判断矩阵元素 *aij* 的标度含义

标度	含义
1	表示两个因素相比，具有同样重要性
3	表示两个因素相比，一个因素比另一个因素稍微重要
5	表示两个因素相比，一个因素比另一个因素明显重要
7	表示两个因素相比，一个因素比另一个因素强烈重要
9	表示两个因素相比，一个因素比另一个因素极端重要
2，4，6，8	上述两相邻判断的中值
倒数	因素 i 与 j 比较的判断 a_{ij}，则因素 j 与 i 比较的判断 $a_{ji}=1/a_{ij}$

根据测评目的选择考察重要性的尺度，见表 4。

表 4　判断矩阵元素表

	C_1	C_2	$\cdots$	C_n
C_1	a_{11}	a_{12}	$\cdots$	a_{1n}
C_2	a_{21}	a_{22}	$\cdots$	a_{2n}
$\cdots$	$\cdots$	$\cdots$	$\cdots$	$\cdots$
C_n	a_{n1}	a_{n2}	a_{n1}	a_{nn}

列出判断矩阵 M：

$$M = \begin{bmatrix} a_{11} & a_{12} & \cdots & a_{1n} \\ a_{21} & a_{22} & \cdots & a_{3n} \\ \cdots & \cdots & \cdots & \cdots \\ a_{n1} & a_{n2} & \cdots & a_{nn} \end{bmatrix}_{n \times n}$$

式中：

a_{ij}（ $i = 1, 2\cdots, n$ ）；

（ $j = 1, 2\cdots, n$ ）为因素 C_i 和 C_j 比较后的赋值，且有 C_i：C_j　a_{ij}，$a_{ij} > 0$，$a_{ij} = 1/a_{ji}$。

计算权重：

①计算判断矩阵每一行元素乘积：

$$N_i = a_{i1} \times a_{i2} \cdots a_{in}$$

②计算 N_i 的 n 次方根，记为 $\overline{\omega}_i$，由 $\overline{\omega}_i = \sqrt[n]{N_i}$ 得：

$$\overline{\omega} = (\overline{\omega}_1, \overline{\omega}_i, \cdots \omega_n)$$

3 对 $\overline{\omega}$ 进行归一化处理，求出权重：

$$\omega_i = \overline{\omega}_i \Big/ \sum_{i=1}^{n} \overline{\omega}_i$$

3.3.2　进行一致性检验

一致性检验是为了判断各决策者们判断思维是否一致。

（1）计算一致性指标 Y：

$$Y = \frac{\lambda_{max} - n}{n - 1}$$

式中：

n 为判断矩阵 M 的阶数，λ_{max} 为 M 的最大特征根。

$$\lambda_{max} = \frac{1}{n} \sum_{i=1}^{n} \frac{(M \cdot \omega)_i}{\omega_i}$$

（2）计算一致性比率 C_R：

$$C_R = Y \big/ RI$$

式中：

RI 为平均随机一致性指标（表5）。

表5　平均随机一致性指标

矩阵阶数 (n)	1	2	3	4	5	6	7	8	9	10	11	12	13	14	15
RI	0.00	0.00	0.52	0.89	1.12	1.26	1.36	1.41	1.46	1.49	1.52	1.54	1.56	1.58	1.59

（3）判断。当 $C_R < 0.1$ 时，则具有一致性；当 $C_R > 0.1$ 时，则不具有一致性。如果一致性检验通过，则 ω_i 即为所求的特征向量，即本层次各要素对上一层次某要素的相对权重向量。

3.3.3　多专家相对权重向量的确定

3.3.1～3.3.2　是单个专家构造判断矩阵并计算权重的过程。在实际工作中，构造判断矩阵并计算权重一般应由农业机械管理、试验鉴定、使用、推广和科研等多方面的专家完成，由于各专家的知识结构、知识水平及对所考虑的事物的认识程度不同，所给的判断矩阵的真实度及可信度也不一样，因此，需对各专家赋予权重，以避免单一专家评判而产生的随机偏差。设有 m 位专家，其中，第

k 位专家的权重计算如下：

$$P_k = \frac{1}{1 + aC_{Rk}} \quad (a > 0, \ k = 1, \ 2, \ \cdots m)$$

式中：

C_{Rk}——第 k 位专家的一致性比率。

归一化处理得各调查用户的权重：

$$P_k^* = P_k \left/ \sum_{k=1}^m P_k \right.$$

式中，参数 a 起一个调节器的作用，当 a 的取值过大或过小时，专家的权重往往难以辨别，实际应用中一般取 $a = 10$ 较为合适。

3.3.4　指标的综合权重

对由 3.3.1～3.3.3 所确定的指标权重和专家相对权重进行求积求和，得到指标的组合权重，即：

$$\omega_i = \sum_{k=1}^m \omega_{ik} P_k^* \quad (i = 1, 2, \cdots n)$$

归一化处理后得该指标的最终综合权重：

$$\omega_i^* = \omega_i \left/ \sum_{i=1}^n \omega_i \right.$$

注：各指标因素的最终综合权重即组成因素权重模糊向量。

4　抽样理论研究

4.1　抽样方法

农业机械适用性用户调查评价样本抽取即抽样方法是非常重要的，其科学与否决定评价结果的可信度。常用的抽样方法有以下几种。

4.1.1 简单随机抽样（也称为单纯随机抽样）

从总体 N 个用户中抽取 n 个用户作为样本，抽取方法是从总体中逐个不放回地抽取用户，每次都是在所有未放入样的单元中等概率抽取的。也可以一次同时从总体中抽得，只要保证全部可能的样本每个被抽中的概率都相等。简单随机抽样是其他抽样方法的基础，但在实际问题中，若 N 相当大，就不是很容易能办到的，首先，它要求有一个包含全部 N 个单元的抽样框即调查机具的所有用户，其次，用这种抽样得到的样本较为分散，调查不容易实施，因此，在实际中直接采用简单随机抽样的并不多。简单随机抽样一般可采用掷硬币、掷骰子、抽签、查随机数表等办法抽取样本。这种方法适用于机具用户少、且分布于较小地域的情况。

4.1.2 分层抽样

将 N 个机具用户按一定的地域或不同农艺要求分成互不交叉、互不重复的 k 个机具用户，每个部分称为层。然后在每个层内分别抽选 n_1、n_2……n_k 个机具用户，构成一个容量为 n 个机具用户的一种抽样方式。在每个层内进行抽样，不同层的抽样相互独立，这样的抽样称为分层抽样。如果每层的抽样都是简单随机抽样，就称为分层随机抽样。分层随机抽样特别适用于既要对总体参数进行估计也需要对各子总体（层）参数估计的情形。分层抽样的组织实施也比较方便，样本散布比较均匀，更重要的是它的精度较高，数据处理颇为简单。因此，分层技术是应用上最为普遍的抽样技术之一。这种方法适用于机具用户分布地域广的情况。

4.1.3 整群抽样

整群抽样是首先将机具用户归并成若干个互不交叉、互不重复的集合，我们称之为群；然后以群为抽样单位抽取样本的一种抽样方式。

整群抽样的优点是实施方便、节省经费；缺点是往往由于不同群之间的差异较大，由此而引起的抽样误差往往大于简单随机抽样。

整群抽样特别适用于缺乏机具用户具体信息的情况。应用整群抽样时，要求各群有较好的代表性，即群内各机具用户的使用条件差异要大，群间差异要小。

4.1.4　二阶与多阶抽样

为提高整群抽样的效率，对每个被抽中的一级单元所包含的所有二级单元再进行抽样，仅调查其中一部分，这样的抽样称为二阶抽样。如果每个二级单元又由若干个三级单元组成，则对每个被抽中的二级单元再抽样，仅调查其中一部分三级单元，这样的抽样即是三阶抽样，同样可定义四阶甚至更高阶的抽样。多阶抽样也称多阶段抽样或多级抽样，在大规模调查中常被采用。它既保留了整群抽样样本相对集中、调查费用较低、不需要包含有所有（小）单元的抽样框等优点，而且由于实行了再抽样，又有效率较高的优点，因此，也常为实际工作者所采用，它的主要缺点是抽样时较为麻烦，而且从样本对总体的估计比较复杂。

4.1.5　系统抽样（也称机械抽样）

若总体中的单元都按一定顺序排列，在规定的范围内随机地抽取一个单元作为初始单元，然后按照一套事先确定好了的规则确定其他样本单元，这种抽样方法称为系统抽样。最简单的系统抽样是在取得一个初始单元后，按相等的间隔抽取样本单元，这就是所谓的等距抽样。系统抽样最主要的优点是实施简单，因为，只有一个初始单元需要随机抽取，而不像简单随机抽样那样，每个样本单元都需要随机抽取。如果对总体单元的排列规则有所了解并加以正确利用的话，系统抽样能达到相当高的精度。系统抽样最主要的缺点是估计量的精度估计比较困难，事实上许多行之有效的系统抽样并不是严格的概率抽样。这种方法主要适用于具备规则排队信息（如规则出厂编号）的情况。

4.1.6 不等概率抽样

样本抽取不一定要是等概率的，事实上有时抽样采用不等概率效果更好，特别是在单元大小不相等时，例如，在整群抽样或多阶抽样中，常采用不等概率抽样。最常用的不等概率抽样是按与单元大小成比例的概率抽样。这种抽样，精度较高，数据处理也不复杂。在实际问题中，很少单独采用一种抽样方法，而常常是几种抽样方法有机的结合。

4.2 抽样方法的选择和应用

农业机械适用性用户调查的内容涉及的指标与地域的影响因素较大，而且对每一个区域也要做估计，域在抽样框中是可以确定的，因此，我们大多数情况选用分层抽样方法。

农业机械适用性用户调查采用分层抽样的方法，原因在于：

（1）分层抽样是在各层中进行的。因此，各层样本除汇总后可用于总体参数的估计外，还可用来对层的参数进行估计。

（2）分层抽样实施起来灵活方便，而且便于组织，由于抽样是在各层独立进行的，因此，它允许根据不同层的具体情况采用不同的抽样方法。按地区或系统分层的抽样可以由各地区或系统分头实施调查中的各个步骤，组织管理都比较方便。

（3）分层抽样的数据处理比较简单，各层的处理可以单独进行，而层间汇总方式又非常简单，对估计量而言仅是对均值的估计的加权平均或是对总量估计的简单相加，相应的精度估计也不复杂。

（4）由于分层样本分别抽自各层，因此，在总体中的分布更为均匀，不会出现偏于某一部分的不平衡情况。

（5）分层抽样能较大地提高调查的精度，分层抽样的精度仅取决于各层内的方差，而与层与层之间的差异无关，因此，如果层内的差异比较小，分层抽样的精度将比简单随机抽样高。利用这一特性，可以事先将性质类似的单元归成一类（层），使层内的方差尽可能的小，层间的差异（方差）尽可能的大，由于层间方差不进入估计量的方差，故可大大减少估计量的方差，提高抽样的精度。

在具体实施抽样的过程中，我们首先将抽样总体按一定的地域分成若干个层，不同层的抽样相互独立，在每一层中独立地抽取样本。根据机具分布区域的多少确定抽样层，原则上层的划分以省、市（地、州）、县（市）为单位，兼顾考虑各地不同的自然环境条件（包括地表条件、土壤条件等）和农艺种植特点，根据不同的自然环境条件和农艺种植特点对所有的用户根据其所在地按区域进行归类分层，对每层用户按顺序形成抽样框，在每层的抽样框中相互独立、随机的抽取调查用户。

用户调查方式可采取实地调查、电话调查和发函调查等多种形式，所抽取的用户应尽量是能熟练操作机具，并具有一定的表达能力和文化水平；调查时应客观公正，不得诱导和干扰用户意见。

4.3　抽样理论基础

4.3.1　OC 曲线

一个抽样方案（N，n，c）唯一对应着一条 OC 曲线，当方案中 N，n，c 3 个参数有任何一个改变时，OC 曲线的形状也随之改变，因而方案的性能也要发生变化。

（1）当样本大小 n 和合格判定数 c 一定时，批量 N 对 OC 曲线的影响很小。如图 3 所示，从左到右分别是 3 个抽样方案（50，20，0），（100，20，0），（1 000，20，0）所对应的 3 条 OC 曲线，从图中可以看出，批量大小对 OC 曲线的影响不大，所以，当 $N/n \geq 10$ 时，就可以采用不考虑批量影响的抽检方案，因此，常常只用 (n, c) 两个参数来表示一个单次抽样方案。但这决不意味着抽样批量越大越好，因为抽样检验总存在着犯错误的可能。

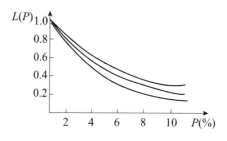

图 3　N 变化时的 OC 曲线

（2）当批量 N 和样本大小 n 一定时，合格判定数 c 对 OC 曲线的影响为：随着 c 变小，OC 曲线左移，而且曲线变陡，这说明抽样方案的性能发生了变化。对于同一批交验产品，其不合格率为 p_i，不合格判定数 c 越小的方案，其接受概率也越低，说明抽样方案变得严格了。至于严格的程度和合理性，一方面，应该从实际出发，根据用户的质量要求和生产者的平均质量水平，对不同抽样方案的 OC 曲线进行比较分析，确定合理的样本大小 n 和合格判定数 c；另一方面，随着合格判定数 c 的变大，接受概率在同一 p_i 水平也增大，说明抽样方案变宽松了。

（3）当批量 N 和合格判定数 c 一定时，样本大小 n 对 OC 曲线的影响：随着 n 变大，OC 曲线变陡，抽样方案变严格了。反之，随着 n 变小，OC 曲线倾斜度逐渐变缓，方案变宽松。由此，我们可以通过样本大小 n 的变化研究采用合理的验收抽样方案。

（4）关于 $C=0$ 的抽样方案我们常常凭直觉认为 $C=0$ 的抽样方案似乎用来验收批产品质量最为可靠和合理，因为，$C=0$ 意味着样本 n 中的不合格品数为 0，这是一个完全错误的概念。首先，抽样具有随机性，样本 n 中不合格品数为 0，不等于 N 中不合格品数为 0。此外，$C=0$ 的抽样方案，它们有共同的特点，那就是在 Pi

较小的时候，接收概率 $L(Pi)$ 下降十分快，这样的抽样方案会拒收大量优质批，对生产方和用户都是不利的。因此，$C=0$ 的抽样方案并不理想。恰恰相反，OC 曲线告诉我们，相对 n 和 C 都大一些的抽样方案一般比较合理。当然，在确定 n 和 C 时，要从具体情况出发，综合考虑各种因素的影响，特别是生产方的客观条件和用户的实际要求。

4.3.2 抽样方案的接收概率

接收概率是根据规定的抽样方案，把具有给定质量水平的检验批判为合格而接收的概率。通常记为 $L(p)$，表示当批不合格品率为 p 是抽样方案的接收概率，可用超几何分布、二项分布、泊松分布来求得 $L(p)$ 的值。

超几何分布计算法：$L(p) = \sum_d C_{Np}^d C_{N-Np}^{n-d}$

二项分布计算法：$L(p) = \sum_{d=0}^{Ac} C_n^d p^d (1-p)^{n-d}$

泊松分布计算法：

$$L(p) = \sum_{d=0}^{Ac} \frac{(np)^d}{d!} e^{-np} (e = 2.71828\cdots)$$

式中：

N——批量数；

n——样本量；

d——样本中出现的不合格数；

p——批不合格品率。

4.4 层内抽样数量的确定

农业机械用户样本量的确定是抽样设计中的一个重要内容，对于一种确定的抽样方法，样本量越大，抽样误差就越小，估计量的精度也越高。但样本量不是越大越好，因为它还受费用的限制。抽样越多，费用也就越大。因此，样本量的确定需要在精度与费用之间进行权衡。而且样本规模并不一定要与总体规模成比例，当样本规模达到一定程度时，再增加其数量对统计结果的影响就不大了，在确保样本能足够代表总体的前提下，应以选择较小的样本量为宜。因此，如何以最少的投入获得最佳的效果，合理地确定样本量是保证抽样调查质量的基础。

4.4.1 (n, c) 抽样方案

设某次产品调查（总体）中抽到的不适用机具的概率为 p，对总体提出假设：

$H_0: p \leqslant p_0, H_1: p > p_1$ （其中，$0 \leqslant p_0 < p_1 < 1$）

从总体中抽取 n 个用户（容量为 n 的样本），用 X 表示这 n 个用户中选择机具不适用的用户数，容易证明上述假设检验问题的最有检验法是：$X \leqslant c$ 时接受 H_0，$X > c$ 时拒绝 H_0，其中，c 是临界值，如果要求：H_0 为真时而拒绝 H_0 概率不大于 α（弃真错误）；H_0 不真时而接受 H_0 概率不大于 β（取伪错误），即：

$$P_{p_0} \{X > c\} \leqslant \alpha$$

$$P_{p_1} \{X \leqslant c\} \leqslant \beta$$

由于 X 服从二项分布 $b(n, p)$，理论上可由上两式求出临界值 c，但是对于固定的 n，则一般不能求出 c。

4.4.2 最少抽样个数和最佳抽样方案

设总体中选择机具不适用的用户数的概率为 p_0，如果用 Y 表示首次抽到选择机具不适用的用户所需的抽样的次数，则 Y 的分布为

$$P \{Y = k\} = (1 - p_0)^{k-1} p_0 \quad k = 1, 2, \cdots\cdots$$

由此可知，首次抽到选择机具不适用的用户所需的平均抽样次数是

$$E(Y) = \sum_{k-1}^{\infty} k(1-p_0)^{k-1}p_0 = \frac{1}{p_0}$$

因此，一方面，要能对假设 H_0：$p \leqslant p_0$ 进行检验，所需的最少抽样个数是 $n = E(Y) = 1/p_0$，这个数不依赖于假设 H_1；另一方面，在 $(n，c)$ 抽样方案中，当 $p_1 \to p_0$ 时，$c - np_0 = 0$，于是 $c = np_0 = 1$，尽管此时错误和风险都比较大，但这也是最佳方案。

根据现有的抽样调查的结果，我们取 $p_0 = 0.05$，则 $n = 1/0.05 = 20$。

因此，层内的抽样数量我们确定为 20，抽样方案为（20，1）。

4.5 用 OC 曲线对抽样方案进行比较评价

采用不同抽样方案（10，1），（20，1），（65，1），分别求出 $p = 1\%$，$p = 5\%$，$p = 10\%$，$p = 15\%$，$p = 20\%$ 时的接收概率，见表 6。根据表中的数据画出各抽样方案的 OC 曲线，见图 4 所示。

表 6　不同抽样方案下的接收概率

	$L(p)$	n		
		10	20	65
	1%	0.9958	0.9831	0.86194
	5%	0.9138	0.7359	0.1576
p	10%	0.7361	0.3918	0.0088
	15%	0.5443	0.13	0.000322
	20%	0.3758	0.0691	—

当 $n = 20$ 时，从表 4 中可以看出，当 $p \leqslant 1\%$ 时，接收概率为 98% 左右，但是随着不合格品率的增加，接收概率 $L(p)$ 迅速减小，当 $p = 20\%$ 时，接收概率就只有 7% 左右，因而，（20，1）就是一个比较好的抽样方案。

由图 4 可以看出，当批量 N 和合格判定数 C 一定时，采用样本

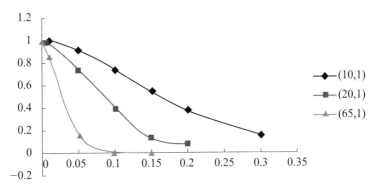

图4 不同抽样方案下的 *OC* 曲线

大小不同的3个抽样方案，其接收概率却相差非常大。

接近于理想抽检方案的 *OC* 曲线，对批质量的保证作用就大。而倾斜度较小、较平缓的 *OC* 曲线，当批不合格率变化时，接收概率变化较小，对批质量的保证作用就小。综合比较图中3个抽样方案，（65，1）的 *OC* 曲线最陡，明显是较严格的抽样方案，而（10，1）的 *OC* 曲线则比较平缓，其抽样方案比较宽松。*OC* 曲线越是陡，虽然判定能力是越强了，但是相应的 *n* 要大，这就增加了抽样成本。所以，（20，1）是比较合适的抽样方案。

5 农业机械适用性用户调查评价报告的编写

农业机械适用性用户调查评价报告的一般格式是：题目、报告摘要、基本情况介绍、正文、改进建议、附件。

正文内容包括：用户调查评价的背景、用户调查评价指标设定、问卷设计检验、数据整理分析、测评结果及分析。

附录 1

简单实例分析

本实例为基于以上理论模型对 XXX 型全膜双垄沟铺膜机产品进行的适用性用户调查评价。

1 建立评价体系

根据层次分析法理论，建立 XXX 型全膜双垄沟铺膜机适用性用户调查评价的层次分析模型，见下附图。

2 确定指标权重

根据权重确定的方法，由各位专家按规定的标度含义给出所有因素的相对标度值，附表 1-1 至附表 1-8 为其中一位专家的评判，其他省略。

附表 1-1　XXX 型全膜双垄沟铺膜机适用性各测评因素的相对标度值

		评价指标				
		主机配套	田间作业条件	气象条件	农艺要求	物料
评价指标	主机配套	1	1/3	5	1/5	1/3
	田间作业条件	3	1	5	1/3	1/5
	气象条件	1/5	1/5	1	1/5	1/3
	农艺要求	5	3	5	1	5
	物料	3	5	3	1/5	1

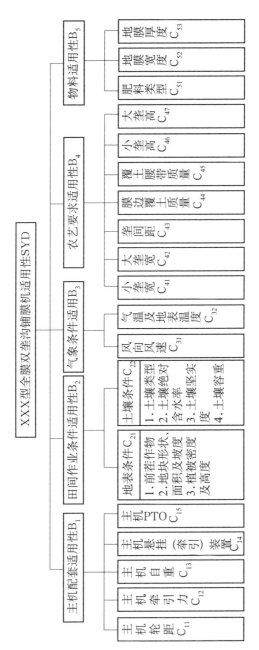

附图 ×××型全膜双垄沟铺膜机适用性用户调查评价的层次分析模型

附表 1 – 2 主机配套适用性各测评因素的相对标度值

		评价指标			
		主机轮距	主机牵引功率	主机自重	主机悬挂装置	主机（PTO）
评价指标	主机轮距	1	1/5	3	1/5	1/7
	主机牵引功率	5	1	5	5	1
	主机自重	1/3	1/5	1	1/5	1/5
	主机悬挂装置	5	1/5	5	1	1/5
	主机 PTO	7	1	5	5	1

附表 1 – 3 地表条件适用性各测评因素的相对标度值

		评价指标		
		前茬作物	地块形状、面积及坡度	植被密度及高度
评价指标	前茬作物	1	5	1/7
	地块形状、面积及坡度	1/5	1	1/5
	植被密度及高度	7	5	1

附表 1 – 4 土壤条件适用性各测评因素的相对标度值

		评价指标			
		土壤类型	土壤绝对含水率	土壤坚实度	土壤容重
评价指标	土壤类型	1	1/7	1/5	1/5
	土壤绝对含水率	7	1	5	7
	土壤坚实度	5	1/5	1	3
	土壤容重	5	1/7	1/3	1

附表1-5 田间作业条件适用性各测评因素的权重值

		评价指标	
		地表条件	土壤条件
评价指标	地表条件	1	3
	土壤条件	1/3	1

附表1-6 气象条件适用性各测评因素的相对标度值

		评价指标	
		风向风速	气温及地表温度
评价指标	风向风速	1	3
	气温及地表温度	1/3	1

附表1-7 农艺要求适用性各测评因素的相对标度值

		评价指标						
		小垄宽	大垄宽	垄间距	膜边覆土质量	覆土腰带质量	小垄高	大垄高
评价指标	小垄宽	1	1	1/3	1/3	3	1	1
	大垄宽	1	1	1/3	1/3	3	1	1
	垄间距	3	3	1	1	3	3	3
	膜边覆土质量	3	3	1	1	5	3	3
	覆土腰带质量	1/3	1/3	1/3	1/5	1	1/3	1/3
	小垄高	1	1	1/3	1/3	3	1	1
	大垄高	1	1	1/3	1/3	3	1	1

附表 1 - 8   物料适用性各测评因素的相对标度值

		评价指标		
		肥料类型	地膜宽度	地膜厚度
评价指标	肥料类型	1	1/7	1/5
	地膜宽度	7	1	3
	地膜厚度	5	1/3	1

根据附录1中图模型建立因素指标集 $X = \{B1, B2, B3, B4, B5\}$。

3 确定因素权重

根据附表1-1至附表1-8的各位专家的数据，用 AHP 法计算出 XXX 型全膜双垄沟铺膜机各层因素的权重，见附表1-9。

附表 1 - 9   XXX 型全膜双垄沟铺膜机各测评指标权重值

测评因素	权重值
XXX 型全膜双垄沟铺膜机适用性	$\alpha = (0.0725, 0.2069, 0.0611, 0.4908, 0.1687)$
主机配套适用性	$\alpha_1 = (0.0427, 0.3538, 0.0319, 0.1172, 0.4544)$
地表条件适用性	$\alpha_{21} = (0.1194, 0.1336, 0.7471)$
田间作业条件适用性	$\alpha_2 = (0.7500, 0.2500)$
土壤条件适用性	$\alpha_{22} = (0.0183, 0.6756, 0.1988, 0.1072)$
气象条件适用性	$\alpha_3 = (0.7500, 0.2500)$
农艺要求适用性	$\alpha_4 = (0.1026, 0.1026, 0.2631, 0.2830, 0.0435, 0.1026, 0.1026)$
物料适用性	$\alpha_5 = (0.0719, 0.6491, 0.2790)$

4 用户调查表的设计（附表 1 - 10）

附表 1 - 10 XXX 型全膜双垄沟铺膜机适用性用户调查

调查地点： 受访人姓名： 调查时间： 作业量：

影响因素		调查内容	
主机配套适用性	主机轮距适用程度	后轮距宽（cm）	
		适用程度	□很适用 □适用 □基本适用 □不适用 □很不适用
	主机牵引力适用程度	主机机型	主机牵引力（kN）
		适用程度	□很适用 □适用 □基本适用 □不适用 □很不适用
	主机整备质量适用程度	主机整备质量（kg）	
		适用程度	□很适用 □适用 □基本适用 □不适用 □很不适用
		主机悬挂装置类型	□0 类 □1 类 □2 类 □3 类 □4 类 □1N
	主机悬挂装置适用程度	适用程度	□很适用 □适用 □基本适用 □不适用 □很不适用
		主机 PTO 型式	□1 型 □2 型 □3 型
	主机 PTO 适用程度	主机 PTO 转速（r/min）	□540/1 000 □720/1 000 □其他
		适用程度	□很适用 □适用 □基本适用 □不适用 □很不适用

（续表）

影响因素			调查内容	
田间作业条件适用性	地表条件适用程度	前茬作物	前茬作物名称（整地）	
			适用程度	□很适用 □适用 □基本适用 □不适用 □很不适用
		地块形状、面积及坡度	地块形状	
			地块面积（hm²）	
			坡度（°）	
			适用程度	□很适用 □适用 □基本适用 □不适用 □很不适用
		植被密度及高度（未整地）	植被密度（kg/m²）	
			植被高度（cm）	
			适用程度	□很适用 □适用 □基本适用 □不适用 □很不适用
	土壤条件适用程度	土壤类型	土壤类型	□沙土 □沙壤土 □轻壤土 □中壤土 □重壤土 □黏土
			适用程度	□很适用 □适用 □基本适用 □不适用 □很不适用
		土壤绝对含水率	土壤绝对含水率（%）	
			适用程度	□很适用 □适用 □基本适用 □不适用 □很不适用
		土壤坚实度	土壤坚实度（kPa）	
			适用程度	□很适用 □适用 □基本适用 □不适用 □很不适用
		土壤容重	土壤容重（g/cm³）	
			适用程度	□很适用 □适用 □基本适用 □不适用 □很不适用

（续表）

影响因素			调查内容
气象条件适用性	风向风速	风向	□与作业方向垂直 □与作业方向平行 □与作业方向成一定角
		风速	□0 级 □1 级 □2 级 □3 级 □4 级 □5 级 □6 级
		适用程度	□很适用 □适用 □基本适用 □不适用 □很不适用
	气温及地表温度	气温（℃）	
		地表温度（℃）	
		适用程度	□很适用 □适用 □基本适用 □不适用 □很不适用
农艺要求适用性	小垄宽	小垄宽范围（cm）	
		适用程度	□很适用 □适用 □基本适用 □不适用 □很不适用
	大垄宽	大垄宽范围（cm）	
		适用程度	□很适用 □适用 □基本适用 □不适用 □很不适用
	垄间距	垄间距范围（cm）	
		适用程度	□很适用 □适用 □基本适用 □不适用 □很不适用
	膜边覆土质量	膜边覆土宽度（cm）	
		膜边覆土厚度（cm）	
		适用程度	□很适用 □适用 □基本适用 □不适用 □很不适用

（续表）

影响因素		调查内容
农艺要求适用性	覆土腰带质量	覆土腰带间距（cm）
		腰带覆土厚度（cm）
		适用程度　□很适用 □适用 □基本适用 □不适用 □很不适用
	小垄高	小垄高范围（cm）
		适用程度　□很适用 □适用 □基本适用 □不适用 □很不适用
	大垄高	大垄高范围（cm）
		适用程度　□很适用 □适用 □基本适用 □不适用 □很不适用
物料适用性	肥料类型	肥料性状　□颗粒状 □粉末状
		适用程度　□很适用 □适用 □基本适用 □不适用 □很不适用
	地膜宽度	地膜宽度范围（cm）
		适用程度　□很适用 □适用 □基本适用 □不适用 □很不适用
	地膜厚度	地膜厚度范围（cm）
		适用程度　□很适用 □适用 □基本适用 □不适用 □很不适用

注：1. 带"□"的为选择项，在所选项的"□"内打"√"
　　2. 未带"□"的项目后按实际情况填写

5　抽样用户调查

该机具的用户基本分布在甘肃省旱作农业区，农艺要求相差不大，我们随机抽取 14 个用户进行电话和现场调查，统计结果见附表 1-11。

附表 1－11　XXXX 型全膜双垄沟铺膜机适用性用户调查汇总

影响因素		调查内容汇总		主机机型	东方红－300	东方红－304	常发CF350	东方红－250	HW－300	合计	隶属度（r_{ij}）
主机配套适用性	主机轮距适用程度	使用台数（台）			5	3	2	2	2	14	
		后轮距宽（mm）			1 200～1 600	1 300～1 600	1 300	1 000	1 150～1 450	/	/
		适用程度选择户数	很适用		3	1	0	0	1	5	5/14
			适用		2	2	2	2	1	9	9/14
			基本适用		0	0	0	0	0	0	0
			不适用		0	0	0	0	0	0	0
			很不适用		0	0	0	0	0	0	0
	主机牵引力适用程度	主机牵引力（kN）			7.85	9.81	7.4	5.0	7.8	/	/
		适用程度选择户数	很适用		0	2	1	0	0	3	3/14
			适用		4	1	1	1	1	7	7/14
			基本适用		1	0	0	0	1	2	2/14
			不适用		0	0	0	2	0	2	2/14
			很不适用		0	0	0	0	0	0	0

（续表）

调查内容汇总

影响因素		主机机型	东方红—300	东方红—304	常发CF350	东方红—250	HW—300	合计	隶属度 r_{ij}
		使用台数（台）	5	3	2	2	2	14	/
主机配套适用性	主机整备质量适用程度	主机整备质量（kg）	1 600	1 740	1 635	960	1 688	/	/
		适用程度选择户数 很适用	1	2	1	0	1	5	5/14
		适用	4	1	1	0	1	7	7/14
		基本适用	0	0	0	0	0	0	0
		不适用	0	0	0	2	0	2	2/14
		很不适用	0	0	0	0	0	0	0
	主机悬挂装置适用程度	主机悬挂装置类型	1类	1类	1类	1类	1类	/	/
		适用程度选择户数 很适用	0	0	0	0	0	0	0
		适用	5	3	2	2	2	14	14/14
		基本适用	0	0	0	0	0	0	0
		不适用	0	0	0	0	0	0	0
		很不适用	0	0	0	0	0	0	0

（续表）

调查内容汇总

影响因素	主机机型		东方红—300	东方红—304	常发CF350	东方红—250	HW—300	合计	隶属度（r_{ij}）
	使用台数（台）		5	3	2	2	2	14	/
主机PTO适用程度	主机PTO型式及转速（r/min^{-1}）		1型（Φ35×6齿）540/1 000	1型（Φ35×6齿）540/720	1型（Φ35×6齿）540/720	1型（Φ35×6齿）540/720	1型（Φ35×6齿）540/720	/	/
	适用程度选择户数	很适用	1	1	0	0	0	2	2/14
		适用	4	2	2	2	2	12	12/14
		基本适用	0	0	0	0	0	0	0
		不适用	0	0	0	0	0	0	0
		很不适用	0	0	0	0	0	0	0
田间作业条件适用性 地表条件适用程度 前茬作物适用程度	前茬作物名称（整地）		玉米（已整地）	玉米（未整地）	小麦（已整地）	小麦（未整地）	土豆（已整地）	/	/
	适用程度选择户数	很适用	1	0	0	0	0	1	1/14
		适用	4	0	2	0	0	6	6/14
		基本适用	0	0	0	0	2	2	2/14
		不适用	0	1	0	2	0	3	3/14
		很不适用	0	2	0	0	0	2	2/14

（续表）

调查内容汇总

影响因素	主机机型	东方红-300	东方红-304	常发CF350	东方红-250	HW-300	合计	隶属度（r_{ij}）
	使用台数（台）	5	3	2	2	2	14	/
地块形状、面积及坡度适用程度（地表条件适用程度）	地块形状 地块面积（hm²） 坡度（°）	地块不规则，面积不大于0.133 hm²（2亩），坡度大于5°		地块基本规则或规则，面积大于0.133 hm²（2亩），坡度不大于5°			/	/
	适用程度选择户数　很适用	0	0	0	0	1	1	1/14
	适用	0	3	1	1	1	6	6/14
	基本适用	0	0	1	0	1	2	2/14
	不适用	4	0	0	0	0	4	4/14
	很不适用	1	0	0	0	0	1	1/14
植被密度及高度（未整地）适用程度	植被密度（kg/m²） 植被高度（cm）	植被密度不大于（kg/m²），植被高度不大于（cm）。		植被密度大于（kg/m²），植被高度大于（cm）。			/	/
	适用程度选择户数　很适用	0	0	0	0	0	0	0
	适用	5	0	0	0	0	5	5/14
	基本适用	0	2	0	0	0	2	2/14
	不适用	0	1	0	2	2	5	5/14
	很不适用	0	0	2	0	0	2	2/14

（续表）

调查内容汇总

影响因素		主机机型	东方红—300	东方红—304	常发CF350	东方红—250	HW—300	合计	隶属度（r_{ij}）
		使用台数（台）	5	3	2	2	2	14	/
田间作业条件适用性	土壤条件适用程度	土壤类型	沙壤土		壤土		黏土	/	/
		适用程度选择户数 很适用	0		1		0	1	1/14
		适用	2		5		4	11	11/14
		基本适用	1		0		1	2	2/14
		不适用	0		0		0	0	0
		很不适用	0		0		0	0	0
		土壤绝对含水率（%）	s≤10		10＜s≤20		s＞20	/	/
		适用程度选择户数 很适用	0		1		0	1	1/14
		适用	0		6		0	6	6/14
		基本适用	1		1		0	2	2/14
		不适用	2		0		2	4	4/14
		很不适用	0		0		1	1	1/14

（续表）

调查内容汇总

影响因素			主机机型	东方红-300	东方红-304	常发CF350	东方红-250	HW-300	合计	隶属度（r_{ij}）
			使用台数（台）	5	3	2	2	2	14	/
田间作业条件适用性	土壤条件适用程度	土壤坚实度适用程度	土壤坚实度（kPa）	≤500		>500			/	/
			适用程度选择户数　很适用	2			0		2	2/14
			适用程度选择户数　适用	7			0		7	7/14
			适用程度选择户数　基本适用	1			1		2	2/14
			适用程度选择户数　不适用	0			3		3	3/14
			适用程度选择户数　很不适用	0			0		0	0
		土壤容重适用程度	土壤容重（g/cm³）	≤1.5		>1.5			/	/
			适用程度选择户数　很适用	2			0		2	2/14
			适用程度选择户数　适用	8			0		8	8/14
			适用程度选择户数　基本适用	1			1		2	2/14
			适用程度选择户数　不适用	0			2		2	2/14
			适用程度选择户数　很不适用	0			0		0	0

（续表）

调查内容汇总

影响因素	主机机型		东方红—300	东方红—304	常发CF350	东方红—250	HW—300	合计	隶属度（r_{ij}）
	使用台数（台）		5	3	2	2	2	14	/
风向风速适用程度	风向／风速		逆作业方向≤2级	逆作业方向>2级	顺作业方向≤3级	顺作业方向≤3级	顺作业方向>3级	/	/
	适用程度选择户数	很适用	0	0	0	0	0	0	0
		适用	3	0	3	0	0	6	6/14
		基本适用	1	1	1	0	0	3	3/14
		不适用	0	2	0	0	2	4	4/14
		很不适用	0	0	0	0	1	1	1/14
气象条件适用性 气温及地表温度适用程度	气温（℃）／地表温度（℃）		气温≤37℃，地表温度≤50℃		气温>37℃，地表温度>50℃			/	/
	适用程度选择户数	很适用	2		0			2	2/14
		适用	7		0			7	7/14
		基本适用	1		1			2	2/14
		不适用	0		2			2	2/14
		很不适用	0		1			1	1/14

（续表）

调查内容汇总

影响因素	主机机型	东方红-300	东方红-304	常发CF350	东方红-250	HW-300	合计	隶属度（r_{ij}）
	使用台数（台）	5	3	2	2	2	14	/
农艺要求适用性　小垄宽适用程度	小垄宽范围（cm）			40±3			/	/
	适用程度选择户数　很适用			2			2	2/14
	适用程度选择户数　适用			10			10	10/14
	适用程度选择户数　基本适用			2			2	2/14
	适用程度选择户数　不适用			0			0	0
	适用程度选择户数　很不适用			0			0	0
大垄宽适用程度	大垄宽范围（cm）			70±3			/	/
	适用程度选择户数　很适用			1			1	1/14
	适用程度选择户数　适用			11			11	11/14
	适用程度选择户数　基本适用			3			3	3/14
	适用程度选择户数　不适用			0			0	0
	适用程度选择户数　很不适用			0			0	0

（续表）

调查内容汇总

影响因素		主机机型	东方红－300	东方红－304	常发CF350	东方红－250	HW－300	合计	隶属度（r_{ij}）
农艺要求适用性	垄间距适用程度	使用台数（台）	5	3	2	2	2	14	/
		垄间距范围（cm）			55±3			/	/
		适用程度选择户数 很适用			1			1	1/14
		适用			12			12	12/14
		基本适用			1			1	1/14
		不适用			0			0	0
		很不适用			0			0	0
	膜边覆土质量适用程度	膜边覆土宽度（cm）			3.5～15			/	/
		膜边覆土厚度（mm）			≥15			/	/
		适用程度选择户数 很适用			2			2	2/14
		适用			9			9	9/14
		基本适用			3			3	3/14
		不适用			0			0	0
		很不适用			0			0	0

（续表）

调查内容汇总

影响因素		主机机型	东方红-300	东方红-304	常发CF350	东方红-250	HW-300	合计	隶属度（r_{ij}）
		使用台数（台）	5	3	2	2	2	14	/
农艺要求适用性	覆土腰带质量适用程度	覆土腰带间距（cm）			300			/	/
		腰带覆土厚度（cm）			5			/	/
		适用程度选择户数　很适用			0			0	0
		适用			8			8	8/14
		基本适用			6			6	6/14
		不适用			0			0	0
		很不适用			0			0	0
	小垄高适用程度	小垄高范围（cm）			15－18			/	/
		适用程度选择户数　很适用			2			2	2/14
		适用			9			9	9/14
		基本适用			3			3	3/14
		不适用			0			0	0
		很不适用			0			0	0

（续表）

调查内容汇总

影响因素	主机机型		东方红-300	东方红-304	常发CF350	东方红-250	HW-300	合计	隶属度（r_{ij}）
	使用台数（台）		5	3	2	2	2	14	/
农艺要求适用性	大垄高适用程度	大垄高范围（cm）			10～12			/	/
		很适用			1			1	1/14
	适用程度选择户数	适用			10			10	10/14
		基本适用			3			3	3/14
		不适用			0			0	0
		很不适用			0			0	0
物料适用性	肥料类型适用程度	肥料性状	颗粒状			粉末状		/	/
		很适用		2		0		2	2/14
	适用程度选择户数	适用		8		0		8	8/14
		基本适用		0		1		1	1/14
		不适用		0		3		3	3/14
		很不适用		0		0		0	0

（续表）

调查内容汇总

影响因素	主机机型	东方红—300	东方红—304	常发CF350	东方红—250	HW—300	合计	隶属度（r_{ij}）
	使用台数（台）	5	3	2	2	2	14	/
物料适用性　地膜宽度适用程度	地膜宽度范围（cm）		120		110		/	/
	很适用		1		0		1	1/14
	适用		7		0		7	7/14
	基本适用		1		2		3	3/14
	不适用		0		3		3	3/14
	很不适用		0		0		0	0
地膜厚度适用程度	地膜厚度范围（μm）		0.006		0.008		/	/
	很适用		0		2		2	2/14
	适用		4		5		9	9/14
	基本适用		3		0		3	3/14
	不适用		0		0		0	0
	很不适用		0		0		0	0

注：适用程度选择户数

6 建立评价集

被调查者对适用度测评项目的评价等级分为 5 个：{很适用、适用、一般适用、不适用、很不适用}。

7 综合评判

7.1 确定下层评价指标的适用度级度值组成模糊关系矩阵

（1）对"田间作业条件适用性"层下的"地表条件适用性"按"很适用、适用、一般适用、不适用、很不适用"5 个评价等级进行模糊测评，其对前茬作物（整地）、地块形状、面积及坡度和植被密度及高度 3 个影响因素隶属度见汇总表，得到 5 个模糊评判向量，组成如下评判矩阵。

$$R_{21} = \begin{bmatrix} \dfrac{1}{14} & \dfrac{6}{14} & \dfrac{2}{14} & \dfrac{3}{14} & \dfrac{2}{14} \\ \dfrac{1}{14} & \dfrac{6}{14} & \dfrac{2}{14} & \dfrac{4}{14} & \dfrac{1}{14} \\ 0 & \dfrac{5}{14} & \dfrac{2}{14} & \dfrac{5}{14} & \dfrac{2}{14} \end{bmatrix}$$

（2）计算本层指标的综合得分评价向量。

$B_{21} = \alpha_{21} \times R_{21} = (0.018064, 0.375225, 0.142914, 0.330546, 0.133362)$

归一化后可得 $A_{21} = (0.018062, 0.375183, 0.142898, 0.330509, 0.133347)$。

同理可得对"田间作业条件适用性"层下的"土壤条件适用性"评判矩阵。

$$R_{22} = \begin{bmatrix} \dfrac{1}{14} & \dfrac{11}{14} & \dfrac{2}{14} & 0 & 0 \\[2mm] \dfrac{1}{14} & \dfrac{6}{14} & \dfrac{2}{14} & \dfrac{4}{14} & \dfrac{1}{14} \\[2mm] \dfrac{2}{14} & \dfrac{7}{14} & \dfrac{2}{14} & \dfrac{3}{14} & 0 \\[2mm] \dfrac{2}{14} & \dfrac{8}{14} & \dfrac{2}{14} & \dfrac{2}{14} & 0 \end{bmatrix}$$

（3）综合得分评价向量。

$B_{22} = \alpha_{22} \times R_{22} = （0.093272，0.464595，0.142886，0.250941，0.048238）$

归一化后可得 $A_{22} = （0.093278，0.464627，0.142896，0.250958，0.048241）$。

7.2 确定次层指标的模糊关系矩阵

"田间作业条件适用性"层的综合评价向量 B_2 为：

$B_2 = （0.036866，0.397544，0.142897，0.310621，0.112071）$

$$B_2 = a_2 \times R_2 = \alpha_2 \times \begin{bmatrix} A_{21} \\ A_{22} \end{bmatrix} = \begin{bmatrix} 0.7500 & 0.2500 \end{bmatrix} \times$$

$$\begin{bmatrix} 0.018062 & 0.375183 & 0.142898 & 0.330509 & 0.133347 \\ 0.093278 & 0.464627 & 0.142896 & 0.250958 & 0.048241 \end{bmatrix}$$

归一化后，$A_2 = （0.036866，0.397544，0.142897，0.310621，0.112071）$。

（1）对"主机配套适用性"层的评判矩阵 R_1 为：

$$R_{22} = \begin{bmatrix} \dfrac{5}{14} & \dfrac{9}{14} & 0 & 0 & 0 \\[2mm] \dfrac{3}{14} & \dfrac{7}{14} & \dfrac{2}{14} & \dfrac{2}{14} & 0 \\[2mm] \dfrac{5}{14} & \dfrac{7}{14} & 0 & \dfrac{2}{14} & 0 \\[2mm] 0 & \dfrac{14}{14} & 0 & 0 & 0 \\[2mm] \dfrac{2}{14} & \dfrac{12}{14} & 0 & 0 & 0 \end{bmatrix}$$

"主机配套适用性"层的综合评价向量 B_1 为：

$B_1 = \alpha_1 \times R_1 = (0.167371, 0.726986, 0.050543, 0.055100, 0.000000)$

归一化后，$A_1 = (0.167371, 0.726986, 0.050543, 0.055100, 0.000000)$。

（2）对"气象条件适用性"层的评判矩阵 R_3 为：

$$R_3 = \begin{bmatrix} 0 & \dfrac{6}{14} & \dfrac{3}{14} & \dfrac{4}{14} & \dfrac{1}{14} \\ \dfrac{2}{14} & \dfrac{7}{14} & \dfrac{7}{14} & \dfrac{2}{14} & \dfrac{1}{14} \end{bmatrix}$$

"气象条件适用性"层的综合评价向量 B_3 为：

$B_3 = \alpha_3 \times R_3 = (0.035714, 0.446429, 0.196429, 0.250000, 0.071429)$。

归一化后，$A_3 = (0.035714, 0.446429, 0.196429, 0.250000, 0.071429)$

（3）对"农艺要求适用度"层的评判矩阵 R_4 为：

$$R_4 = \begin{bmatrix} \dfrac{2}{14} & \dfrac{10}{14} & \dfrac{2}{14} & 0 & 0 \\ \dfrac{1}{14} & \dfrac{11}{14} & \dfrac{3}{14} & 0 & 0 \\ \dfrac{2}{14} & \dfrac{9}{14} & \dfrac{3}{14} & 0 & 0 \\ 0 & \dfrac{8}{14} & \dfrac{6}{14} & 0 & 0 \\ \dfrac{2}{14} & \dfrac{9}{14} & \dfrac{3}{14} & 0 & 0 \\ \dfrac{1}{14} & \dfrac{10}{14} & \dfrac{3}{14} & 0 & 0 \end{bmatrix}$$

"农艺要求适用度"层的综合评价向量 B_4 为：

$B_4 = \alpha_4 \times R_4 = (0.103193, 0.725443, 0.178693, 0.000000,$

0.000000）

归一化后，$A_4 = （0.102442，0.720165，0.177393，0.000000，0.000000）$。

（4）对"物料适用度"层的评判矩阵 R_5 为：

$$R_5 = \begin{bmatrix} \dfrac{2}{14} & \dfrac{8}{14} & \dfrac{1}{14} & \dfrac{3}{14} & 0 \\[2mm] \dfrac{1}{14} & \dfrac{7}{14} & \dfrac{3}{14} & \dfrac{3}{14} & 0 \\[2mm] \dfrac{2}{14} & \dfrac{9}{14} & \dfrac{3}{14} & 0 & 0 \end{bmatrix}$$

"物料适用度"层的综合评价向量 B_5 为：

$B_5 = \alpha_5 \times R_5 = （0.096493，0.544993，0.204014，0.154500，0.000000）$

归一化后，$A_5 = （0.096493，0.544993，0.204014，0.154500，0.000000）$。

7.3 确定上层指标的模糊关系矩阵

×××型全膜双垄沟铺膜机的综合评价向量：

$$B = \alpha \times R = \alpha \times \begin{bmatrix} A_1 \\ A_2 \\ A_3 \\ A_4 \\ A_5 \end{bmatrix} = \begin{matrix}（0.088501，0.607632，0.166713，\\ 0.109601，0.027552）\end{matrix}$$

归一化后，$A = （0.088501，0.607633，0.166713，0.109601，0.027552）$。

7.4 综合测评结果转化为适用度

采用加权平均法，若采用 100 分制，很适用、适用、一般适用、不适用、很不适用 5 个评价等级的参数分别赋分为 100，80，60，40，20，那么各二级影响因素的适用度分别为：

主机配套适用度：

$$SYD_1 = \frac{\begin{array}{c}0.167371 \times 100 + 0.726986 \times 80 + \\ 0.050543 \times 60 + 0.055100 \times 40 + 0.000000 \times 20\end{array}}{\begin{array}{c}0.167371 + 0.726986 + 0.050543 \\ + 0.055100 + 0.000000\end{array}}$$

$$= 77.98366$$

同理可得：

地表条件适用度：$SYD_{21} = 56.28208$；

土壤条件适用度：$SYD_{22} = 66.07486$；

田间作业条件适用度：$SYD_2 = 58.73026$；

气象条件适用度：$SYD_3 = 62.49998$；

农艺要求适用度：$SYD_4 = 78.50098$；

物料适用度：$SYD_5 = 71.66958$。

则：×××型全膜双垄沟铺膜机的用户调查适用度为：

$$SYD_1 = \frac{\begin{array}{c}0.088501 \times 100 + 0.607633 \times 80 + \\ 0.166713 \times 60 + 0.109601 \times 40 + 0.027552 \times 20\end{array}}{\begin{array}{c}0.088501 + 0.607633 + \\ 0.166713 + 0.109601 + 0.027552\end{array}}$$

$$= 72.3986$$

×××型全膜双垄沟铺膜机的用户调查适用度汇总，见附表1－12。

附表 1 – 12　×××型全膜双垄沟铺膜机的用户调查适用度汇总

测评因素		适用度/SYD	
主机配套适用度		$SYD_1 = 77.98366$	
田间作业条件 适用度	地表条件适用度	$SYD_2 = 58.73026$	$SYD_{21} = 56.28208$
	土壤条件适用度		$SYD_{22} = 66.07486$
气象条件适用度		$SYD_3 = 62.49998$	
农艺要求适用度		$SYD_4 = 78.50098$	
物料适用度		$SYD_5 = 71.66958$	
×××型全膜双垄沟铺膜机适用度		$SYD = 72.3986$	

附录2

农业机械适用性用户调查评价报告

农业机械适用性用户调查评价报告的一般格式是：题目、报告摘要、基本情况介绍、正文、改进建议、附件。

正文内容包括：用户调查评价的背景、用户调查评价指标设定、问卷设计检验、数据整理分析、测评结果及分析。

农业机械适用性用户调查评价报告实例：

农业机械适用性用户调查评价报告

No：

产品名称：×××型全膜双垄沟铺膜机
申请单位：甘肃省洮河拖拉机制造有限公司
生产企业：甘肃省洮河拖拉机制造有限公司
评价单位：甘肃省农业机械鉴定站

1 报告摘要

结合推广鉴定，我们对甘肃省洮河拖拉机制造有限公司生产的×××型全膜双垄沟铺膜机产品进行了适用性用户调查评价。通过对全省范围内14个县的14名用户的现场问卷调查，测评出×××型全膜双垄沟铺膜机产品的适用度为71.67。测评结果反映出×××型全膜双垄沟铺膜机产品的适用程度，以及该产品存在的急需解决的问题，我们对此提出了针对性的改进建议。

2 基本情况

调查地点：榆中县、临洮县、会宁县、崆峒区、环县、通渭县、西峰县、静宁县、北道区。

　　调查方法：现场问卷调查。

　　调查时间：2010 年 3 ~ 9 月。

　　样本数量：175 台。

　　样本情况：2 年内购买甘肃省洮河拖拉机制造有限公司产品的用户。

　　调查机构：甘肃省农业机械鉴定站。

3　评价背景

　　农业机械适用性评价是《起垄铺膜机产品推广鉴定大纲》中必须考核的项目，用户调查是有效的方法。甘肃省洮河拖拉机制造有限公司生产的×××型全膜双垄沟铺膜机产品是 2010 年新开发的产品，适用性影响其大范围推广。为了给推广鉴定结论提供依据，更深入、客观地了解用户对该产品适用性的感受是必需的。

4　适用性用户调查评价的步骤

　　（1）确定影响×××型全膜双垄沟铺膜机产品适用性的主要因素；

　　（2）建立递阶层次结构模型；

　　（3）确定构造判断矩阵计算权重；

　　（4）设计问卷并进行调查；

　　（5）建立评判模型，计算各因素适用度。

5　评价结论

5.1　总体评价结果

　　对×××型全膜双垄沟铺膜机产品适用性的总体评价结果，见附图 2－1。

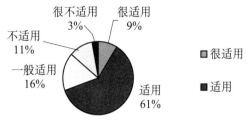

附图 2－1　总体评价结果

5.2　各层要素评价结果

对×××型全膜双垄沟铺膜机产品适用性各层要素适用度的评价结果，见下附表。

附表　各层要素评价结果

测评因素	适用度/SYD
主机配套适用度	$SYD_1 = 77.98366$
地表条件适用度	$SYD_{21} = 56.28208$
田间作业条件适用度	$SYD_2 = 58.73026$
土壤条件适用度	$SYD_{22} = 66.07486$
气象条件适用度	$SYD_3 = 62.49998$
农艺要求适用度	$SYD_4 = 78.50098$
物料适用度	$SYD_5 = 71.66958$
×××型全膜双垄沟铺膜机适用度	$SYD = 72.3986$

为了更清楚、更直观地表述各要素的适用性，再用直方图将评价结果表示，见附图 2－2。

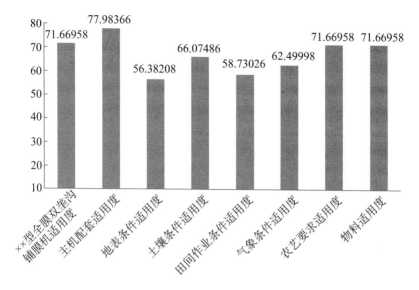

附图 2 - 2　各要素适用性评价结果

5.3　评价结果分析及改进建议

5.3.1　主机配套适用性

×××型全膜双垄沟铺膜机适用于与轮距不大于 1 600mm、牵引力不小于 7.4kN、装备质量不小于 1 635kg、PTO 型式为 1 型（Φ35×6 齿）、转速为540 r/min 和悬挂装置类型为 1 类的拖拉机配套。25 马力以下拖拉机配套时功率不足，40 马力以上拖拉机配套时存在"大马拉小车"的现象。生产者应在有关技术文件中进行说明，引导用户根据自己的主机型号正确选购。

5.3.2　田间作业条件适用性

×××型全膜双垄沟铺膜机适用于在已耕整地、地块形状基本规则或规则、面积大于 0.133 hm²（2 亩）、坡度不大于 5°、植被密度不大于 0.1（kg/m²）、植被高度不大于 5（cm）、土壤绝对含水率为 10% ~ 20%、土壤坚实度 ≤ 500（kPa）、土壤容重 ≤ 1.5（g/cm³）且土壤类型为砂壤土、壤土、黏土的田间作业条件下作业。值得注意的是当土壤绝对含水率大于20%后，由于土壤流动性变弱，膜边覆土质量急剧变差。

5.3.3 气象条件适用性

×××型全膜双垄沟铺膜机适用于在逆作业方向风力≤2级、顺作业方向风力≤3级、气温≤37℃、地表温度≤50℃的气象条件下作业。

5.3.4 农艺要求适用性

×××型全膜双垄沟铺膜机适用于小垄宽40±3（cm）、大垄宽70±3（cm）、垄间距55±3（cm）、膜边覆土宽度3.5~15cm、膜边覆土厚度≥15mm、覆土腰带间距300±3（cm）、腰带覆土厚度≥5cm、小垄高15~18cm、大垄高10~12cm的农艺要求。

5.3.5 物料适用性

×××型全膜双垄沟铺膜机适用于宽度为120cm、厚度≥6μm的地膜。

农业机械适用性综合评价方法研究报告

四川省农业机械鉴定站

　　农业机械适用性是指农业机械产品在一定地域、环境、作物品种或农艺要求的条件下，具有保持规定特性的能力。因此，农业机械的适用性是对应于一定的地域、环境、作物品种或农艺要求等作业条件而言的，同一台机具在某种作业条件下适用，而在其他作业条件下未必适用。农业机械的适用性有其相对性和局限性。

　　农业机械适用性评价方法是通过对农业机械进行试验检测、使用情况调查、专家评议等途径，对机具的适用性能作出综合评定的方法。具体有适用性性能试验方法、适用性跟踪测评方法、适用性用户调查方法等。

　　适用性性能试验方法是在人为选定的作业条件下，对机具进行实地作业性能试验，分析机具对标准或农艺的满足程度，并通过数理统计技术分析机具在多种作业条件下使用时的关联度，并评价机具的适用性。该技术科学，得出的结果置信度高。但需大量人力和财力，评价成本高。

　　适用性跟踪测评方法是将样机投入到实际应用中，或者选择用户已经购买的机具，在正常作业情况下，对机具实际作业进行跟踪考核，评价机具和适用性。该技术的优点是可以直接了解机具的作业效果，试验成本较低，但获取技术指标的数量及准确性不如试验技术评价高，而且耗时较多。

　　适用性用户调查方法是利用调查表和听取座谈的方式，听取用户、农户的评价意见，了解机具在日常作业过程中的性能，利用数学分析的方法，评价机具在实际使用过程中适用性。该技术的优点是成本低，可以扩大调查面，获取大量的数据，但无法获取量化的性能指标，收集的信息置信度不高。在评价时评价机型如果是新机型，还不具有一定量的客户群时，无法采用用户调查的方式评价，无法通过该技术对机具作出准确的评价。

我国农业机械类型多，使用条件十分复杂，使用上述评价方法中任一种对机具的适用性作出评价都存在一定局限性，因此，必须研究综合评价方法。农业机械适用性综合评价方法是根据不同机具的实际情况选用上述两种以上评价方法，采用数理统计技术及加权等方法，对机具的适用性进行综合评价。即该方法可以采用，性能试验方法与跟踪测评方法相结合、性能试验方法与用户调查方法相结合、跟踪测评方法与用户调查方法相结合、性能试验方法与跟踪测评方法和用户调查方法相结合等组合。根据各类机具适用性特点选择不同的组合进行综合评价，它可以避免单一方法的不足，实现科学、准确、经济、合理。当采用两种或两种以上评价方法时，不同的评价方式的评价结果表述是不一样的，准确度也不一样，必须利用综合评价方法，对不同方式取得的评价成果，进行加权数据处理，得出机具适用性综合评价结果，从而实现了评价结果科学、准确、合理。

1 研究背景

对于"农业机械适用性综合评价方法"过去尽管有很多人从不同的角度进行过研究，但截至目前，还没有形成完整的理论体系，尚不能支撑我们开展农业机械适用性综合评价。对农业机械采用传统的评价模式主要基于规定条件下的检测结果和多点试验基础上评价机具的性能，远不能适合我国地域之阔，气候、土壤、作物品种等条件千差万别。《农业机械适用性评价技术集成研究》是科技部批准的 2009 年公益性行业（农业）科研专项经费项目，主要针对农业机械适用性评价进行研究。农业部农业机械试验鉴定总站为牵头单位，中国农业大学、中国农业机械化研究院、南京农业机械化研究所、四川省农业机械鉴定站、山东省农业机械试验鉴定站、山西省农业机械试验鉴定站、江苏省农业机械试验鉴定站、河南省农业机械试验鉴定站、甘肃省农业机械鉴定站、内蒙古自治区农牧业机械试验鉴定站、吉林省农业机械试验鉴定站等 11 家单位为参与单位。农业部农业机械试验鉴定总站参与的"农业机械适用性综合评价方法"子项目旨在通过部分农业机械对建立的农机适用性综合评价方法进行试验验证，制定出适宜大多数农业机械适用性评价和具有普遍指导意义的综合评价方法模型。主要采用适用性性能试验评价方法、适用性跟踪测评评价方法和适用性用户调查评价方法相结合的方式，对适用性进行评价。通过评价方法整合和数理统计技术的应用，实现典型性能试验、跟踪测评和用户调查相结合的评价方法，解决试验工作量大，人力消耗和试验费用高的难题。

以下分别以轮式拖拉机、微型耕耘机、谷物联合收割机为例，对应各方法所产生费用对比其经济性，见表 1。计费的依据是国家发改委、财政部发改价格〔2010〕2363 号文附件《部级农机产品测试检验收费标准》的规定。

表 1　各评价方法经济性对比

评价方法	评价产品费用		
	轮式拖拉机（≤18kW）	微型耕耘机	谷物联合收割机（≤18kW）
性能试验法	全项目检测：18 570 元/次	全项目检测：8 710 元/次	全项目检测：11 230 元/次
跟踪测评法	主要性能参数测评：8 630 元/次（排气烟度、坡道停车制动性能、冷态行车制动平均减速度、动态环境噪	主要性能参数测评：4 780 元/次（耕深、耕深稳定性、耕宽、犁耕耕宽稳定性、断条率、碎土率、植被	主要性能参数测评：6 195 元/次（总损失率、破碎率、含

续表

评价方法	评价产品费用		
	轮式拖拉机 （≤18kW）	微型耕耘机	谷物联合收割机 （≤18kW）
	声、驾驶员操作位置处噪声、故障、燃油消耗率、最大牵引力、最大转向力、变速箱和离合器、静沉降率、转向盘自由行程、制动器操纵力、密封性等参数）	覆盖率、犁入土行程、立垡率、回垡率、驾驶员耳旁噪声、动态环境噪声、纯工作小时生产率、主油料消耗率等参数）	杂率、卸粮时间、每公顷燃油消耗量、噪声、有效度、纯工作小时生产率等参数）
用户调查法	50 元/户	50 元/户	100 元/户

再分别以轮式拖拉机、微型耕耘机、谷物联合收割机为例，对应各方法工作量对比人力消耗情况，见表2。工作量＝工作效率×时间，标准工时是量化指标，1个人工作8小时的量则是1人·天工作量。本表所列工作量是平均而言，具体情况略有差异。

表2　各评价方法工作量（人力消耗）对比

评价方法	评价产品工作量（人力消耗）		
	轮式拖拉机 （≤18kW）	微型耕耘机	谷物联合收割机 （≤18kW）
性能试验法	全项目检测： 10~12 人·天/次	全项目检测： 4~6 人·天/次	全项目检测： 8~10 人·天/次
跟踪测评法	主要性能参数测评： 4~6 人·天/次	主要性能参数测评： 2~4 人·天/次	主要性能参数测评：4~6 人·天/次
用户调查法	实地：0.5 人·天/户； 发函：0.2 人·天/户	实地：0.5 人·天/户； 发函：0.2 人·天/户	实地：0.5 人·天/户； 发函：0.2 人·天/户

结合表 1 和表 2 可知，做一次轮式拖拉机（≤18kW）性能试验的费用与调查 371 户费用相当，但实地调查 371 户的工作量是性能试验的 15.4～18.5 倍，做一次轮式拖拉机（≤18kW）跟踪测评的费用与调查 172 户费用相当，但实地调查 172 户的工作量是跟踪测评的 14.3～21.5 倍；做一次微型耕耘机性能试验的费用与调查 174 户费用相当，但实地调查 174 户的工作量是性能试验的 14.5～21.8 倍，做一次微型耕耘机跟踪测评的费用与调查 95 户费用相当，但实地调查 95 户的工作量是性能试验的 11.9～23.8 倍；做一次谷物联合收割机性能试验的费用与调查 112 户费用相当，但实地调查 112 户的工作量是性能试验的 5.6～7 倍，做一次谷物联合收割机跟踪测评的费用与调查 61 户费用相当，但实地调查 61 户的工作量是性能试验的 5.1～7.6 倍。

且评价农业机械适用性仅仅依靠一次性能试验或一次跟踪测评是无法实现的，需要大量的性能试验或跟踪测评才能准确评价，例如，采用正交试验设计，3 因子 2 水平试验就需要 4 次试验，3 因子 3 水平试验需要 9 次试验。因此，采用性能试验或跟踪测评方法评价农业机械适用性的经济性较差，所需费用巨大。但采用用户调查法无法获取量化的性能指标，收集的信息置信度不高，受用户技术水平影响，评价风险较大。鉴于此，研究农业机械适用性综合评价方法就显得越发重要和必须。各评价方法受其评价方式影响，都具有一定的优缺点和局限性，如表 3 所述，则运用科学的、适用的数理统计或评价方法综合利用性能试验法、跟踪测评法和用户调查法的优点，达到科学、准确、全面地评价农业机械适用性，又可优化评价成本、降低工作量和减小人力消耗是本文研究的核心内容。

表 3　农业机械适用性各评价方法对比

适用性评价方法	评价方法优点	评价方法缺点	适用条件
性能试验法	评价技术科学，得出的结果置信度高	1. 性能试验成本高、周期长 2. 受试验人为选定的作业条件限制	新定型的农业机械，尚不具有用户群

续表

适用性评价方法	评价方法优点	评价方法缺点	适用条件
跟踪测评法	可以直接了解机具的作业效果，试验成本较低	1. 获取技术指标的数量及准确性不如试验技术评价高 2. 耗时较多	样机投入到实际应用中，或者选择用户已经购买的机具
用户调查法	成本低，可以扩大调查面，获取大量的数据	1. 无法获取量化的性能指标，收集的信息置信度不高 2. 受用户技术水平影响，评价风险较大 3. 不具有一定量的用户群时，无法采用用户调查的方式评价，或无法通过该技术对机具作出准确的评价	量大面广，市场占有率高的农业机械
性能试验法 + 跟踪测评法	避免单一方法的不足，用跟踪测评替代部分性能试验，评价科学、全面、直观	性能试验、测评较多，评价成本高	新推广使用的、用户较少的农业机械
跟踪测评法 + 用户调查法	避免单一方法的不足，用户调查弥补跟踪测评量和面的缺陷	周期长	市场占有率较高的农业机械
用户调查法 + 性能试验法	避免单一方法的不足，性能试验弥补了用户调查无量化指标的缺陷	需要有较大的用户群	有一定市场占有率的农业机械

续表

适用性评价方法	评价方法优点	评价方法缺点	适用条件
性能试验法 + 跟踪测评法 + 用户调查法	1. 能客观、公正、全面地评价，评价风险小 2. 避免单一方法的不足，实现科学、准确、经济、合理	试验成本较高、周期较长	新推广使用的、有部分用户的农业机械

2 研究内容

2.1 建立农业机械适用性综合评价方法的原则

建立农业机械适用性综合评价方法时应遵循以下原则：

2.1.1 科学性原则

综合评价方法应建立在公认的科学理论基础上，客观全面地反映被评价农业机械的本质特征与内涵，综合反映影响农业机械适用性的各种主要因素，并且能够较好地度量适用性的程度和预期效果。

2.1.2 普适性原则

农业机械种类繁多，技术领域的跨度大，综合评价方法需适用于所有农业机械，因此，构成综合评价的方法，对于各种类型农业机械应具有广泛适应性。

2.1.3 典型性原则

方法的选取应具有典型意义，是描述农业机械适用性某一方面的关键性指标，可以起到以点带面的作用，从而减少指标数量，简化数学模型和便于运算。

2.1.4 独立性原则

单一评价方法的内涵与其他方法的相关性应尽可能小，使方法的变化不致彼此影响和牵制。

2.1.5 可比性原则

应尽可能采用定量指标，对于定性指标应可通过一定规则进行量化，使其具有可比性。

2.1.6 易于获得原则

综合评价需方法明确，信息与数据的获取可操作性强，方便可测或可描述，或计算方法易于实现。

2.2 农业机械适用性综合评价方法分析

农业机械是保障高效农业生产的物质基础，衡量农业机械的适用性时，需要考虑的问题主要有以下几个方面：一是农业机械性能是否满足农业农艺要求；二是这一性能是否稳定；三是可否持续稳定；四是用户接受和肯定程度。依照这一思路，将与这 4 个方面有关的所有所有评价方法列出，然后按照建立综合评价方法的原则进行筛选和合并，最终归纳为综合评价方法的三大主要影响因素，即试验性能法、跟踪测评法、用户调查法。而综合评价农业机械适用性则是为了科学、合理地减少试验性能法、跟踪测评法、用户调查法工作量，采用系统评价的方法解决实际工作中的难题。

2.3 综合评价方法模型的选择

综合评价是利用数学方法（包括数理统计方法）对一个复杂系统的多个指标信息进行加工和提炼，以求得其优劣等级的一种评价方法。常用的评价方法模型有层次分析加权法（AHP 法）、相对差距和法、主成分分析法、TOPSIS 法、RSR 值综合评价法（秩和比法）、全概率评分法、人工神经网络、简易公式评分法、蒙特卡罗模拟综合评价法、模糊综合评判法、灰关联聚类法、因子分析法（FA）、功效函数法、综合指数法、密切值法等若干种。通过对各种综合评价方法的了解和研究，并结合相关文献和其他行业经验，最终确定采用模糊综合评价法对农业机械适用性进行评价。模糊综合评价法是将模糊信息处理的理论应用于综合评价的方法。该法可把适用性变化区间作出划分，又可对适用性各个等级的程度作出分析，使得描述更加深入和客观。因此，可在全面、综合考虑被评价对象各项影响因素的前提下，对一个既包含了各种定量因素，又包括了各种非定量模糊因素和模糊关系的被评价对象给出合理的评价值。该方法可以较好地解决某些只能用自然语言形式给出评价，而难以精确定量表述评价因素的评价问题。所以，模糊综合评价的应用范围较广，特别是在主观指标的综合评价中，模糊综合评价可以发挥模糊方法的独特作用，评价效果要优于其他方法。步骤如下：确定农业机械适用性评价方法的因素论域→选定评语等级论域→建立模糊关系矩阵→确定评价因素权向量→选择合成算子→得到模糊评判结果向量→进一步分析处理。该法的优点是：数学模型简单，容易掌握，对多因素多层次的复杂问题评判效果比较好。在实际应用中，采用模糊综合评判法能够得到全面和合理的评判结果。

2.4 权重系数选择方法的确定

权重系数是指在一个领域中，对目标值起权衡作用的数值。权重系数可分为主观权重系数和客观权重系数。主观权重系数（又称经验权数）是指人们对分析对象的各个因素，按其重要程度，依照经验，主观确定的系数，例如，Delphi 法、AHP 法和专家评分法。这类方法人们研究的较早，也较为成熟，但客观性较差。客观权重系数是指经过对实际发生的资料进行整理、计算和分析，从而得出的权重系数，例如熵权法、标准离差法和 CRITIC 法；这类方法研究较晚，且很不完善，尤其是计算方法大多比较繁琐，不利于推广应用。常用的权重确定方法有专家咨询权数法（特尔斐法）、因子分析权数法、信息量权数法、独立性权数法、主成分分析法、层次分析法（AHP 法）、优序图法、熵权法、标准离差法、CRITIC 法、非模糊数判断矩阵法等若干种。对比而言鉴于农业机械适用性综合评价方法中各影响因素所占权重之前没有相关参考依据和文献，所以，本研究课题选择专家咨询权数法（特尔斐法）并结合层次分析法（AHP 法）确定各因素权重。AHP 法是基于在决策中大量因素无法定量地表达出来而又无法回避决策过程中决策者的选择和判断所起的决定作用，此法必须将评估目标分解成一个多级指标，对于每一层中各因素的相对重要性给出判断。它的信息主要是基于人们对于每一层次中各因素相对重要性作出判断。结合两种方法，则尽可能合理地确定各因素在模糊综合评价中的权重。

2.5 农业机械适用性综合评价方法数学模型的建立

在选择了综合评价方法模型及权重的确定方法后，则针对农业机械适用性综合评价方法，根据 GB/T 5262 – 2008《农业机械试验条件 测定方法的一般规定》建立如图 1 所示层次分解，并建立初步的数学模型。

2.5.1　综合评价模型的运用

对于评价农业机械适用性，其影响因素具有复杂性和多样性的特点，精确化能力的降低造成对系统描述的模糊性，运用模糊手段来处理模糊性问题，将会使评价结果更真实、更合理。基于层次分析法的多级模糊综合评价模型的建立须经过以下步骤。

2.5.1.1　给出备择的对象集：这里即为各农业机械适用度。

2.5.1.2　确定指标集：即把能影响评价农业机械适用性的各因素构成一个集合。

2.5.1.3　建立权重集：由于指标集中各指标的重要程度不同，所以，要运用层次分析法对一级指标和二级指标（甚至更多级指标）分别赋予相应的权数。

2.5.1.4　确定评语集：评价集设为 $v = \{v_1$（适用性强），v_2（适用性较强），v_3（适用性一般），v_4（适用性较差），v_5（不适用）$\}$，数量化表示为 $v = \{100, 90, 80, 70, 60\}$。

2.5.1.5　找出评判矩阵：$R = (r_{ij}v)_{n \times m}$，首先确定出 U 对 v 的隶属函数，然后计算出适用性评价指标对各等级的隶属度 u_{ij}。

2.5.1.6　求得模糊综合评判集，即普通的矩阵乘法，根据评判集得终评价结果，给出农业机械适用性优劣的结论。

在图 1 中农机适用性影响较为突出的因素包括：

（1）气象条件（U_1）。

①气温（℃）/湿度（%）：高温、常温、低温/高湿、正常、干旱；

②风向、风速（m/s）；

③大气压力（kPa）。

（2）农艺要求（U_2）。

影响机具适用性较为主要的农艺要求，如插秧机株距、秧苗大小、田间浸水时间等。

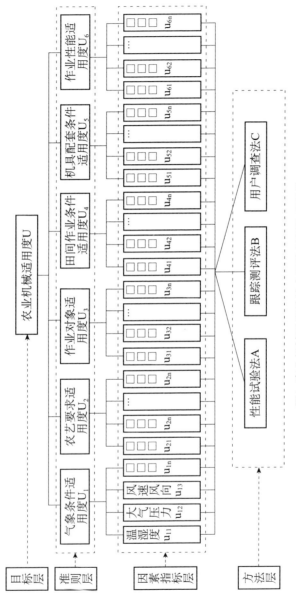

图1 农业机械适用性综合评价指标体系结构

（3）作业对象（U_3）。

作业对象所具有的特性影响机具适用性，如联合收割机作业对象（水稻、小麦）的草谷比、穗幅差、作物含水率等特征指标。

（4）田间作业条件（U_4）。

①地形地貌：山地、丘陵、平原等；

②地块形状、地块面积、地块坡度等；

③水田、旱田；

④植被类型、植被覆盖率等

⑤土壤条件：土壤类型、土壤坚实度、土壤含水率等。

（5）机具配套条件（U_5）。

①PTO 型式、转速、速度；

②牵引力；

③整机质量；

④悬挂装置型式、提升力；

⑤轮距；

⑥使用安全性。

（6）作业性能（U_6）。受适用性影响因素影响较为突出的机具作业性能指标，如联合收割机破碎率、损失率、含杂率等。

对任一因素指标的获得可以通过性能试验法、跟踪测评法、用户调查法等方法中的任一种或多种组合见表4。但对部分因素指标可能存在仅需一种方法便可以获得的情况，这时可视为另外方法的指标隶属度为零。

表4　各因素指标获得方法

准则	因素指标	因素指标获得方法		
		性能试验法（A）	跟踪测评法（B）	用户调查法（C）
气象条件适用度（U_1）	u_{11}			
	u_{12}			
	…			
	u_{1n}			

准则	因素指标	因素指标获得方法		
		性能试验法 （A）	跟踪测评法 （B）	用户调查法 （C）
农艺要求 适用度（U_2）	u_{21}			
	u_{22}			
	…			
	u_{2n}			
作业对象 适用度（U_3）	u_{31}			
	u_{32}			
	…			
	u_{3n}			
田间作业条件 适用度（U_4）	u_{41}			
	u_{42}			
	…			
	u_{4n}			
机具配套条件 适用度（U_5）	u_{51}			
	u_{52}			
	…			
	u_{5n}			
作业性能 适用度（U_6）	u_{61}			
	u_{62}			
	…			
	u_{6n}			

2.5.2　构建评价因素集合

在农业机械适用度指标构成体系中，评价对象因素集合为：

$$U = \{U_1, U_2, U_3, U_4, U_5, U_6\} \quad (1)$$
$$U_1 = \{u_{11}, u_{12}\cdots\cdots u_{1n}\}$$
$$U_2 = \{u_{21}, u_{22}\cdots\cdots u_{2n}\}$$
$$U_3 = \{u_{31}, u_{32}\cdots\cdots u_{3n}\}$$
$$U_4 = \{u_{41}, u_{42}\cdots\cdots u_{4n}\}$$
$$U_5 = \{u_{51}, u_{52}\cdots\cdots u_{5n}\}$$
$$U_6 = \{u_{61}, u_{62}\cdots\cdots u_{6n}\}$$

2.5.3 建立评价集

评价集 V 是评价等级的集合，针对农业机械适用度评价指标体系，建立评价集为：
$$V = \{V_1, V_2, V_3, V_4, V_5\} \quad (2)$$
= {适用性强，适用性较强，适用性一般，适用性较差，不适用}

根据评价集 V，进行临界值的设立：90~100 为适用性强，80~90 为适用性较强，70~80 为适用性一般，60~70 为适用性较差，小于 60 为不适用。

数量化表示为 $V = \{100, 90, 80, 70, 60\}$

2.5.4 确定指标权重

由于 U 中各个因素对农业机械适用度的影响程度不同，需要对每个因素赋予不同的权重。本文运用层次分析法（AHP）求得不同层次指标的权重。采用 1~9 标度法见表 5。由各专家分别构造判断矩阵见表 7、表 8。然后由平均值得到最后的判断矩阵。根据最终确定的判断矩阵首先进行层次单排序及其一致性检验，求解判断矩阵的最大特征值 λmax 及其所对应的特征向量 W，W 经过标准化后，即为同一层次中相应元素对于上一层中某个因素相对重要性的排序指标（权重）。

表5 判断矩阵标度含义

标度	含义
1	表示两个因素相比，具有同样重要性
3	表示两个因素相比，一个因素比另一个因素稍微重要
5	表示两个因素相比，一个因素比另一个因素明显重要
7	表示两个因素相比，一个因素比另一个因素强烈重要
9	表示两个因素相比，一个因素比另一个因素极端重要
2，4，6，8	上述两相邻判断的中值
倒数	因素 i 与 j 比较的判断 u_{ij}，则因素 j 与 i 比较的判断 $u_{ji} = 1/u_{ij}$

进行层次单排序与一致性检验时，判断矩阵的一致性指标 C_I 为：

$$C_I = （\lambda max - N）/（N-1）\qquad (3)$$

随机一致性比率 C_R 为：

$$C_{R=} = C_I/R_I \qquad (4)$$

式中：

N——判断矩阵的阶数；

R_I——随机一致性指标。

各阶数判断矩阵所对应的 R_I，见表6。

表6 R_I值

阶数	1	2	3	4	5	6	7	8	9
R_I	0	0	0.580	0.901	1.120	1.240	1.320	1.410	1.450

若 $C_R < 0.10$，则认为判断矩阵满足一致性检验；否则，需重新构造判断矩阵，直到一致性检验通过。经过层次单排序以及一致性检验，可确定出指标层的权重。

利用同一层次所有层次单排序的结果，可以计算本层次所有元素对上一层次而言重要性的权值，即层次总排序。$C_R < 0.10$ 时，认为层次总排序满足一致性，得到准则层的权重。不同层次的因素指标权重可表示如下。

准则层权重为：

$$A = (a_1, a_2, a_3, a_4, a_5, a_6), \sum_{i=1}^{6} ai = 1 \quad (5)$$

因素指标层权重为：

$$A_i = (a_{i1}, a_{i2}\cdots\cdots a_{in}), \sum_{j=1}^{n} a_{ij} = 1 \ (i = 1, 2, 3, 4, 5, 6)(6)$$

表7　准则层 U_i 各因素指标相对权重测评

U_i	u_{i1}	u_{i2}	$\cdots$	u_{in}
u_{i1}				
u_{i2}				
$\cdots$				
u_{in}				

表8　目标层 U 各准则相对权重测评

U	U_1	U_2	U_3	U_4	U_5	U_6
U_1						
U_2						
U_3						
U_4						
U_5						
U_6						

2.5.5 确定评价指标的隶属度

在进行模糊综合评价前应先确定各评价指标的隶属度，对于难以用数量表达的指标，如环境条件、地表条件等，采用模糊统计法来确定隶属度。模糊统计方法是让参与评价的专家按事先给定的评价集 V 给各个评价指标划分等级（如表9所示），再依次统计各个评价指标u_{ij}属于各个评价等级 V_q（$q = 1，2，3，4，5$）的频数 n_{ijq}（如表10所示），由 n_{ijq} 可以计算出评价因素隶属于评价等级 V_q 的隶属度 u_{ij}^q。如果聘请 n 个专家，则 u_{ij}^q 为

$$u_{ij}^q = n_{ijq}/n \qquad (7)$$

对于可以收集到确切数据的定量指标，可以分成正向指标、负向指标与适度指标，并确定各评价等级 V_q 的临界值 $v_1 \sim v_6$，再通过 Zadeh 式（8）~（10）计算已量化的指标 u_{ij} 隶属于各评价等级的隶属度（表9、表10）。

正向指标的隶属度为：

$$u_{ij}^q = \begin{cases} 0 & u_{ij} < vq \\ (u_{ij} - vq) / (vq + 1 - vq) & vq + 1 > u_{ij} \geqslant vq \\ 1 & u_{ij} \geqslant vq + 1 \end{cases} \qquad (8)$$

适度指标的隶属度为：

$$u_{ij}^q = \begin{cases} 0 & u_{ij} > v_q + 1, \ u_{ij} < v_q \\ 2 (u_{ij} - v_q) / (v_q + 1 - v_q) & v_q \leqslant u_{ij} < v_q + (v_q + 1 - v_q) /2 \\ 2 (v_q + 1 - u_{ij}) / (v_q + 1 - v_q) & v_q + (v_q + 1 - v_q) /2 \leqslant u_{ij} \leqslant v_q + 1 \end{cases} \qquad (9)$$

负向指标的隶属度为：

$$u_{ij}^q = \begin{cases} 1 & u_{ij} \leqslant v_q \\ (v_{q+1} - u_{ij}) / (v_q + 1 - v_q) & v_q + 1 \geqslant u_{ij} > v_q \\ 0 & u_{ij} > v_q + 1 \end{cases} \qquad (10)$$

表 9 受适用性影响因素影响程度调查

准则	因素指标	因素指标水平	受访专家评价适用程度
Ui	u_{ij}		□适用性强 □适用性较强 □适用性一般 □适用性较差 □不适用

注：1. "因素指标水平"按实际调查情况填写；2. 受访专家评价时在对应"□"内打"✓"；3. 本调查表受访专家中至少应有用户（机手）、农机推广人员、生产企业人员、农机鉴定人员、农机管理部门人员等，受访专家人数在 10～20 人

表 10 受适用性影响因素（定性指标）影响程度调查统计

准则	因素指标	适用性影响程度	专家评价意见				频数
			专家 1	专家 2	…	专家 n	
		v_1					
		v_2					
Ui	u_{ij}	v_3					
		v_4					
		v_5					

　　一般说来，在评价指标 x_1，x_2，…，x_m（$m>1$）中可能包含有"极大型"指标、"极小型"指标、"中间型"指标和"区间型"指标。

2.5.5.1　极大型指标：总是期望指标的取值越大越好；

2.5.5.2　极小型指标：总是期望指标的取值越小越好；

2.5.5.3　中间型指标：总是期望指标的取值既不要太大，也不要太小为好，即取适当的中间值为最好；

2.5.5.4　区间型指标：总是期望指标的取值最好是落在某一个确定的区间内为最好。

　　评价指标类型的一致化：

（1）极小型指标：对于某个极小型指标 x，则通过变换 $x' = \dfrac{1}{x}$ （$x > 0$），或 $x' = M - x$ 变换，其中，M 为指标 x 的可能取值的最大值，即可将指标 x 极大化。

（2）中间型指标：对于某个中间型指标 x，则通过变换：

$$x' = \begin{cases} \dfrac{2\ (x - m)}{M - m}, & m \leqslant x \leqslant \dfrac{1}{2}\ (M + m) \\[3mm] \dfrac{2\ (M - x)}{M - m}, & \dfrac{1}{2}\ (M + m)\ \leqslant x \leqslant M \end{cases}$$

其中，M 和 m 分别为指标 x 的可能取值的最大值和最小值，即可将中间型指标 x 极大化。

（3）区间型指标：对于某个区间型指标 x，则通过变换：

$$x' = \begin{cases} 1 - \dfrac{a - x}{c}, & x < a \\[2mm] 1, & a \leqslant x \leqslant b \\[2mm] 1 - \dfrac{x - b}{c}, & x > b \end{cases}$$

其中，$[a，b]$ 为指标 x 的最佳稳定的区间，$c = \max\ \{a - m，M - b\}$，$M$ 和 m 分别为指标 x 的可能取值的最大值和最小值，即可将区间型指标 x 极大化。

对于某一作业性能参数项目测试结果数据，可采用表 11 进行一致性变换，即把测试数据依据评价集进行数量化。

表 11　作业性能试验测试结果及评价的一致性

性能试验测试结果	单项评价	数量化
$x < \mathrm{X}\ (1 - 20\%)$	适用性强	100
$\mathrm{X}\ (1 - 20\%)\ \leqslant x < \mathrm{X}\ (1 - 10\%)$	适用性较强	90
$\mathrm{X}\ (1 - 10\%)\ \leqslant x < \mathrm{X}\ (1 + 10\%)$	适用性一般	80
$\mathrm{X}\ (1 + 10\%)\ \leqslant x < \mathrm{X}\ (1 + 20\%)$	适用性较差	70
$x \geqslant \mathrm{X}\ (1 + 20\%)$	不适用	60

注：x 为测试值，X 为该项目的标准值。

2.5.6 进行模糊综合评价

首先进行一级模糊综合评价，采用由式（7）～（10）确定的隶属度 u_{ij}^q 刻画的模糊集合来描述的模糊规则，得到模糊矩阵 R_i 为：

$$Ri = \begin{bmatrix} r_{11} & r_{12} & \cdots & r_{1n} \\ r_{21} & r_{22} & \cdots & r_{2n} \\ \cdots & \cdots & \cdots & \cdots \\ r_{61} & r_{62} & \cdots & r_{6n} \end{bmatrix}$$

一级综合评价模型 D 为：

$$D = A_i R_i = \begin{bmatrix} D_1 \\ D_2 \\ D_3 \\ D_4 \\ D_5 \\ D_6 \end{bmatrix} = \begin{bmatrix} A_1 R_1 \\ A_2 R_2 \\ A_3 R_3 \\ A_4 R_4 \\ A_5 R_5 \\ A_6 R_6 \end{bmatrix} \qquad （12）$$

对指标层的每一评价指标 a_{ij} 均作出评价后，对准则层各指标进行二级模糊综合评价，得出评价矩阵 B 为：

$$B = AD = \begin{bmatrix} b_1 & b_2 & b_3 & b_4 & b_5 \end{bmatrix} \qquad （13）$$

如果评价结果 $\sum_{i=1}^{5} bi \neq 1$，对结果进行归一化处理，得到 B^*，并计算 S 为

$$S = B^* C^T$$

式中：

C——矩阵由评价集 V 确定，取值为各评价等级临界值的中值；S——农业机械适用度综合评价结果。

2.6 农业机械适用性综合评价方法的应用

本文针对 51 - 81 型耕整机采用综合评价方法进行适用性评价。建立如图 2 所示评价体系。

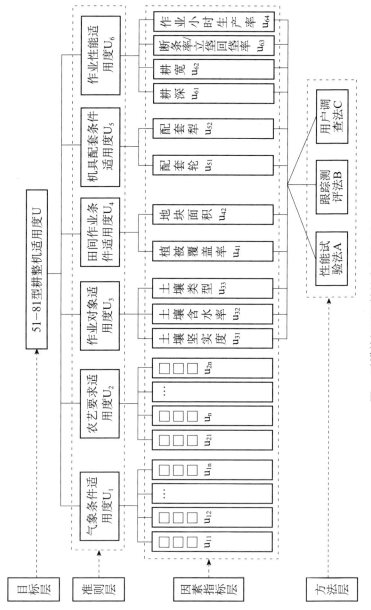

图2 型耕整机适用性综合评价分解

2.6.1 建立判断矩阵

根据5.4的方法，发放调查表由各位专家按表1规定的标度含义给出所有因素的相对标度值，表12～表16为统计12位专家取值所得。

表12 51–81型耕整机适用度各测评因素的相对标度值

U	作业对象适用度（U_3）	田间作业条件适用度（U_4）	机具配套条件适用度（U_5）	作业性能适用度（U_6）
作业对象适用度（U_3）		5	7	1
田间作业条件适用度（U_4）			2	1/3
机具配套条件适用度（U_5）				1/5
作业性能适用度（U_6）				

表13 作业对象适用度各测评因素的相对标度值

U_3	土壤坚实度（u_{31}）	土壤含水率（u_{32}）	土壤类型（u_{33}）
土壤坚实度（u_{31}）		5	1
土壤含水率（u_{32}）			1/5
土壤类型（u_{33}）			

表14 田间作业条件适用度各测评因素的相对标度值

U_4	植被覆盖率（u_{41}）	地块面积（u_{42}）
植被覆盖率（u_{41}）		1/2
地块面积（u_{42}）		

表 15　机具配套条件适用度各测评因素的权重值

U_5	装配轮（u_{51}）	配套犁（u_{52}）
装配轮（u_{51}）		1/3
配套犁（u_{52}）		

表 16　作业性能适用度各测评因素的相对标度值

U_6	耕深（u_{61}）	耕宽（u_{62}）	断条率/立垡回垡率（u_{63}）	作业小时生产率（u_{64}）
耕深（u_{61}）		3	5	1
耕宽（u_{62}）			2	1/2
断条率/立垡回垡率（u_{63}）				1/5
作业小时生产率（u_{64}）				

2.6.2　确定因素权重

根据表 12 至表 16 的建立判断矩阵，按 AHP 法计算出 51 – 81 耕整机适用性各因素的权重见表 17。

表 17　各评价因素指标权重

准则层	准则层权重（A）	因素指标层	指标层权重（A_i）备注
作业对象适用度（U_3）	0.4799	土壤坚实度（u_{31}）	0.4545
		土壤含水率（u_{32}）	0.0909
		土壤类型（u_{33}）	0.4545
田间作业条件适用度（U_4）	0.1569	植被覆盖率（u_{41}）	0.3333
		地块面积（u_{42}）	0.6667

准则层	准则层权重 A	因素指标层	指标层权重 Ai	备注
机具配套条件 适用度（U₅）	0.0682	装配轮（u₅₁）	0.2500	
		配套犁（u₅₂）	0.7500	
作业性能适 用度（U₆）	0.2950	耕深（u₆₁）	0.4031	
		耕宽（u₆₂）	0.1556	
		断条率/立垡回垡率（u₆₃）	0.0770	
		作业小时生产率（u₆₄）	0.3642	

2.6.3 确定各评价指标隶属度

根据调查表及试验检测数据，并结合 5.5 中式 7 计算出 51 - 81 型耕整机各评价因素的隶属度见表 18 。

表18 各评价因素指标隶属度

因素指标	等级				
	V_1	V_2	V_3	V_4	V_5
土壤坚实度（u₃₁）	0.43	0.24	0.16	0.17	0
土壤含水率（u₃₂）	0.26	0.33	0.16	0.17	0.08
土壤类型（u₃₃）	0.36	0.25	0.15	0.15	0.09
植被覆盖率（u₄₁）	0.32	0.25	0.15	0.11	0.17
地块面积（u₄₂）	0.28	0.39	0.14	0.13	0.06
装配轮（u₅₁）	0.28	0.31	0.17	0.16	0.08
配套犁（u₅₂）	0.22	0.3	0.21	0.17	0.1
耕深（u₆₁）	0.34	0.23	0.27	0.12	0.04
耕宽（u₆₂）	0.22	0.23	0.32	0.17	0.06

因素指标	等级				
	V_1	V_2	V_3	V_4	V_5
断条率/立垡回垡率（u_{63}）	0.29	0.27	0.22	0.12	0.1
作业小时生产率（u_{64}）	0.3	0.19	0.23	0.18	0.1

2.6.4 模糊综合评价

根据一级模糊综合评价模型，计算出指标层的评价向量为

$$D_1 = A_1 R_1 = (0.4545, 0.0909, 0.4545)$$

$$\times \begin{bmatrix} 0.43 & 0.24 & 0.16 & 0.17 & 0 \\ 0.26 & 0.33 & 0.16 & 0.17 & 0.08 \\ 0.36 & 0.25 & 0.15 & 0.15 & 0.09 \end{bmatrix}$$

$$= (0.3827, 0.2527, 0.1554, 0.1609, 0.0482)$$

同理可得：

$$D_2 = (0.2933, 0.3433, 0.1433, 0.1233, 0.0967)$$

$$D_3 = (0.2350, 0.3025, 0.2000, 0.1675, 0.0950)$$

$$D_4 = (0.3029, 0.2185, 0.2593, 0.1496, 0.0696)$$

对准则层各指标进行二级模糊综合评价，根据式（13）得出：

$$B = [0.3351 \ 0.2602 \ 0.1872 \ 0.1521 \ 0.0653]$$

$$S = B^* C^T = [0.34 \ 0.26 \ 0.19 \ 0.15 \ 0.07] \cdot [95 \ 85 \ 75 \ 65 \ 30]^T = 80$$

由此可以判定在评价区域内 51 - 81 型耕整机适用度结论"适用性较强"。

2.6.5 结语

本文依据 51 - 81 型耕整机在四川省的使用情况调查，建立了

适用度综合评价指标体系，并运用多级模糊综合评价方法对适用度进行判别。通过分析表明，多级模糊综合评价方法运用到耕整机适用度评价中，能够很好地解决评价指标以及评价等级判定的模糊性问题，评价结果能够客观地反映耕整机适用度的水平。多级模糊综合评价方法的关键是指标权重以及隶属度的确定，这在很大程度上依赖所聘请专家的经验。虽然本文应用层次分析推求权重，可以进行思维的一致性检验，尽量减少了人为分配的任意性，但专家的选取在一定程度上仍会对评价结果产生影响，本文的研究，还有待于今后进一步的深入和完善。